轨道交通装备制造业职业技能鉴定指导丛书

数 控 镗 工

中国北车股份有限公司 编写

中国铁道出版社

2015年·北京

图书在版编目(CIP)数据

数控镗工/中国北车股份有限公司编写.—北京:
中国铁道出版社,2015.4
(轨道交通装备制造业职业技能鉴定指导丛书)
ISBN 978-7-113-20058-9

Ⅰ.①数… Ⅱ.①中… Ⅲ.①数控机床-镗床-职业
技能-鉴定-自学参考资料 Ⅳ.①TG537

中国版本图书馆 CIP 数据核字(2015)第 042897 号

书　　名: 轨道交通装备制造业职业技能鉴定指导丛书
数控镗工
作　　者: 中国北车股份有限公司

策　　划: 江新锡　钱士明　徐　艳
责任编辑: 王　健　　　　　　　编辑部电话: 010-51873065
封面设计: 郑春鹏
责任校对: 苗　丹
责任印制: 郭向伟

出版发行: 中国铁道出版社(100054,北京市西城区右安门西街 8 号)
网　　址: http://www.tdpress.com
印　　刷: 三河市宏盛印务有限公司
版　　次: 2015 年 4 月第 1 版　2015 年 4 月第 1 次印刷
开　　本: 787 mm×1 092 mm　1/16　印张: 10.5　字数: 259 千
书　　号: ISBN 978-7-113-20058-9
定　　价: 33.00 元

序

在党中央、国务院的正确决策和大力支持下,中国高铁事业迅猛发展。中国已成为全球高铁技术最全、集成能力最强、运营里程最长、运行速度最高的国家。高铁已成为中国外交的新名片,成为中国高端装备"走出国门"的排头兵。

中国北车作为高铁事业的积极参与者和主要推动者,在大力推动产品、技术创新的同时,始终站在人才队伍建设的重要战略高度,把高技能人才作为创新资源的重要组成部分,不断加大培养力度。广大技术工人立足本职岗位,用自己的聪明才智,为中国高铁事业的创新、发展做出了重要贡献,被李克强同志亲切地赞誉为"中国第一代高铁工人"。如今在这支近 5 万人的队伍中,持证率已超过96%,高技能人才占比已超过 60%,3 人荣获"中华技能大奖",24 人荣获国务院"政府特殊津贴",44 人荣获"全国技术能手"称号。

高技能人才队伍的发展,得益于国家的政策环境,得益于企业的发展,也得益于扎实的基础工作。自 2002 年起,中国北车作为国家首批职业技能鉴定试点企业,积极开展工作,编制鉴定教材,在构建企业技能人才评价体系、推动企业高技能人才队伍建设方面取得明显成效。为适应国家职业技能鉴定工作的不断深入,以及中国高端装备制造技术的快速发展,我们又组织修订、开发了覆盖所有职业(工种)的新教材。

在这次教材修订、开发中,编者们基于对多年鉴定工作规律的认识,提出了"核心技能要素"等概念,创造性地开发了《职业技能鉴定技能操作考核框架》。该《框架》作为技能人才评价的新标尺,填补了以往鉴定实操考试中缺乏命题水平评估标准的空白,很好地统一了不同鉴定机构的鉴定标准,大大提高了职业技能鉴定的公信力,具有广泛的适用性。

相信《轨道交通装备制造业职业技能鉴定指导丛书》的出版发行,对于促进我国职业技能鉴定工作的发展,对于推动高技能人才队伍的建设,对于振兴中国高端装备制造业,必将发挥积极的作用。

中国北车股份有限公司总裁:

2015. 2. 7

前　　言

鉴定教材是职业技能鉴定工作的重要基础。2002 年，经原劳动保障部批准，中国北车成为国家职业技能鉴定首批试点中央企业，开始全面开展职业技能鉴定工作。2003 年，根据《国家职业标准》要求，并结合自身实际，组织开发了《职业技能鉴定指导丛书》，共涉及车工等 52 个职业（工种）的初、中、高 3 个等级。多年来，这些教材为不断提升技能人才素质、适应企业转型升级、实施"三步走"发展战略的需要发挥了重要作用。

随着企业的快速发展和国家职业技能鉴定工作的不断深入，特别是以高速动车组为代表的世界一流产品制造技术的快步发展，现有的职业技能鉴定教材在内容、标准等诸多方面，已明显不适应企业构建新型技能人才评价体系的要求。为此，公司决定修订、开发《轨道交通装备制造业职业技能鉴定指导丛书》（以下简称《丛书》）。

本《丛书》的修订、开发，始终围绕促进实现中国北车"三步走"发展战略、打造世界一流企业的目标，努力遵循"执行国家标准与体现企业实际需要相结合、继承和发展相结合、坚持质量第一、坚持岗位个性服从于职业共性"四项工作原则，以提高中国北车技术工人队伍整体素质为目的，以主要和关键技术职业为重点，依据《国家职业标准》对知识、技能的各项要求，力求通过自主开发、借鉴吸收、创新发展，进一步推动企业职业技能鉴定教材建设，确保职业技能鉴定工作更好地满足企业发展对高技能人才队伍建设工作的迫切需要。

本《丛书》修订、开发中，认真总结和梳理了过去 12 年企业鉴定工作的经验以及对鉴定工作规律的认识，本着"紧密结合企业工作实际，完整贯彻落实《国家职业标准》，切实提高职业技能鉴定工作质量"的基本理念，在技能操作考核方面提出了"核心技能要素"和"完整落实《国家职业标准》"两个概念，并探索、开发出了中国北车《职业技能鉴定技能操作考核框架》；对于暂无《国家职业标准》、又无相关行业职业标准的 40 个职业，按照国家有关《技术规程》开发了《中国北车职业标准》。经 2014 年技师、高级技师技能鉴定实作考试中 27 个职业的试用表明：该《框架》既完整反映了《国家职业标准》对理论和技能两方面的要求，又适应了企业生产和技术工人队伍建设的需要，突破了以往技能鉴定实作考核中试卷的难度与完整性评估的"瓶颈"，统一了不同产品、不同技术含量企业的鉴定标准，提高了鉴定考核的技术含量，保证了职业技能鉴定的公平性，提高了职业技能鉴定工作质量和管理水平，将成为职业技能鉴定工作、进而成为生产操作者技能素质评价的新标尺。

　　本《丛书》共涉及98个职业(工种),覆盖了中国北车开展职业技能鉴定的所有职业(工种)。《丛书》中每一职业(工种)又分为初、中、高3个技能等级,并按职业技能鉴定理论、技能考试的内容和形式编写。其中:理论知识部分包括知识要求练习题与答案;技能操作部分包括《技能考核框架》和《样题与分析》。本《丛书》按职业(工种)分册,并计划第一批出版74个职业(工种)。

　　本《丛书》在修订、开发中,仍侧重于相关理论知识和技能要求的应知应会,若要更全面、系统地掌握《国家职业标准》规定的理论与技能要求,还可参考其他相关教材。

　　本《丛书》在修订、开发中得到了所属企业各级领导、技术专家、技能专家和培训、鉴定工作人员的大力支持;人力资源和社会保障部职业能力建设司和职业技能鉴定中心、中国铁道出版社等有关部门也给予了热情关怀和帮助,我们在此一并表示衷心感谢。

　　本《丛书》之《数控镗工》由中国北车集团大连机车车辆有限公司《数控镗工》项目组编写。主编吕敏智;主审姜田玉;参编人员孙婧、刘松。

　　由于时间及水平所限,本《丛书》难免有错、漏之处,敬请读者批评指正。

中国北车职业技能鉴定教材修订、开发编审委员会
二〇一四年十二月二十二日

目　　录

数控镗工（职业道德）习题

一、填空题

1.（　　　）是共产主义道德的最高表现和最基本的行为规范，也是社会主义道德建设的核心和目的。

2. 无产阶级世界观和马克思主义思想的基础是（　　　）。

3. 6S 是指：整理、整顿、清扫、（　　　）、安全。

4. 社会保险包括基本养老保险、基本医疗保险、（　　　）、失业保险和生育保险。

5. 在合同因重大误解而订立的情况下，对合同文义应采取（　　　）。

6. 对于在商品中掺杂、掺假、以假充真、以次充好或以不合格产品冒充合格产品的，应由有关部门责令其改正，并根据其情节处以违法所得（　　　）的罚款。

7. 环境法保护的对象相当广泛，包括自然环境要素、（　　　）和整个地球的生物圈。

8. 国家秘密是指关系国家的（　　　）依照法定程序确定，在一定时间内只限一定范围的人员知悉的事项。

9. 仪容修饰需要从（　　　）做起。

10. 人生价值的根本标准是（　　　），其精神有利于达成集体主义与个人利益的统一。

11. 对机械伤害的防护要做到"转动有罩、转轴有（　　　）、区域有栏，防止衣袖发辫和手持工具被绞入机器。

12. 机械伤害是指机械做出强大的功能作用于（　　　）的伤害。

二、单项选择题

1.（　　　）是指坚持某种道德行为的毅力，它来源于一定的道德认识和道德情感，又依赖于实际生活的磨炼才能形成。

(A) 道德观念　　　　(B) 道德情感　　　　(C) 道德意志　　　　(D) 道德信念

2. 在社会主义市场经济条件下，要促进个人与社会的和谐发展，集体主义原则要求把社会集体利益与（　　　）结合起来。

(A) 国家利益　　　　(B) 个人利益　　　　(C) 集体利益　　　　(D) 党的利益

3. 6S 中（　　　）是核心，最具主动性。

(A) 整理　　　　(B) 整顿　　　　(C) 素养　　　　(D) 安全

4. 用人单位自用工之日起（　　　）不与劳动者订立书面劳动合同的，视为用人单位与劳动者已订立无固定期限劳动合同。

(A) 三个月　　　　(B) 满一年　　　　(C) 六个月　　　　(D) 九个月

5. 凡发生下列（　　　）情况的，允许解除合同。

(A) 法定代表人变更

(B) 当事人一方发生合并、分立

(C)由于不可抗力致使合同不能履行

(D)作为当事人一方的公民死亡或作为当事人一方的法人终止

6.《产品质量法》所称的"货值金额"以(　　)计算。

(A)违法生产、销售产品的标价

(B)违法生产、销售产品的实际售价

(C)违法生产、销售产品的当事人自述的价格

(D)物价部门的评价格

7. 环境法以调整人与自然的矛盾、促进社会公共利益为目的,属于(　　)。

(A)公法范畴　　(B)私法范畴　　(C)社会法范畴　　(D)国际法范畴

8. 一切国家机关、武装力量、政党、社会团体、(　　)都有保守国家秘密的义务。

(A)国家公务员　　　　　　　　　(B)共产党员

(C)企业事业单位和公民　　　　　(D)农民工

9. 身体(　　)的人,能给人以精神振奋之感。

(A)重心向上　　(B)重心向下　　(C)重心偏低　　(D)重心偏高

10. 基层员工以(　　)为主,遵守规定,照章办事,把自己的定位做好。

(A)务虚　　　　(B)务实　　　　(C)学习　　　　(D)挣钱

11. (　　)应当为劳动者创造符合国家职业卫生标准和卫生要求的工作环境和条件,并采取措施保障劳动者获得职业卫生保护。

(A)各级工会组织　(B)用人单位　　(C)各级政府　　(D)安技环保部门

12. (　　)必须接受专门的培训,经考试合格取得特种作业操作资格证书的,方可上岗作业。

(A)岗位工人　　(B)班组长　　　(C)特种作业人　(D)临时工

三、多项选择题

1. 职业道德教育,要根据不同行业和职业不同的实际情况,采取多种多样的方法,最主要的方法有舆论扬抑的方法、开展活动的方法以及(　　)。

(A)理论灌输的方法　　　　　　　(B)自我教育的方法

(C)典型示范的方法　　　　　　　(D)潜移默化的方法

2. (　　)是社会主义核心价值体系的精髓。

(A)创新精神　　(B)和谐精神　　(C)民族精神　　(D)时代精神

3. 物质文化的范围非常广泛,主要有(　　)。

(A)社会产品和生产经营产品的物质条件 (B)物质环境

(C)行为取向　　　　　　　　　　(D)文化设施及场所

4. 停止领取失业金的五个条件是(　　)和无正当理由。

(A)重新就业的　　　　　　　　　(B)应征服兵役的

(C)移居境外的　　　　　　　　　(D)享受基本养老保险待遇的

5. 实际履行的构成条件包括(　　)。

(A)必须有违约行为存在

(B)必须由非违约方在合理的期限内提出继续履行的请求

(C)可以由违约方在合理的期限内提出继续履行的请求

(D)实际履行在事实上是可能的和在经济上是合理的

(E)必须依据法律和合同的性质能够履行

6. 《产品质量法》规定合格产品应具备的条件包括(　　)。

(A)不存在危及人身、财产安全的不合理危险

(B)具备产品应当具备的使用性能

(C)符合产品或其装上注明采用的标准

(D)有保障人体健康、人身财产安全的国家标准、行业标准的,应该符合该标准

7. 固体废物污染防治的"三化"法律原则即(　　)。

(A)隔离化　　　　(B)减量化　　　　(C)资源化　　　　(D)无害化

8. 不得在非涉密计算机中处理和存储的信息有(　　)。

(A)涉密的文件　　　　　　　　(B)个人隐私文件

(C)涉密的图纸　　　　　　　　(D)已解密的图纸

9. 哪些属于请求型敬语(　　)。

(A)请　　　　　　(B)劳驾　　　　　(C)谢谢　　　　　(D)拜托

10. 作为员工个人应该(　　)。

(A)调整自己的就业态度

(B)养成良好的工作态度

(C)正确的认识自己

(D)在个人需求与企业需要之间寻找最佳的结合点

11. 下列哪些伤害属于机械伤害的范围(　　)。

(A)夹具不牢固导致物件飞出伤人　　(B)金属切屑飞出伤人

(C)红眼病　　　　　　　　　　　　(D)防护罩脱落导致铁屑飞出伤人

12. 材料从夹持装置中飞脱的原因有(　　)。

(A)材料的涨夹部分太小　　　　　　(B)材料的涨夹部分太大

(C)材料的固定力量太小　　　　　　(D)材料不规则

四、判 断 题

1. 道德范畴的含义有广狭之分,从狭义上说,是指那些反映和概括道德的主要本质的,体现一定社会整体的道德要求的,并需成为人们的普遍信念而对人们行为发生影响的基本概念。(　　)

2. 人生观是世界观的理论基础,世界观是人生观在人生问题上的具体运用和体现。(　　)

3. 企业的核心竞争力,要通过两种整合来表现,一种是企业体制与市场机制的整合,一种是产品功能与用户需求的整合。(　　)

4. 以完成一定工作任务为期限的劳动合同,是指用人单位与劳动者约定以某项工作的完成为合同期限的劳动合同。(　　)

5. 合同权利义务的终止是指合同的消灭。(　　)

6. 经营者应当保证其提供的商品或者服务符合保障人身、财产安全的要求,对可能危及

人身、财产安全的商品,应当向消费者作出真实的说明和明确的警示,并说明和标明正确使用商品的方法以防止危害发生的方法。( )

7. 废气污染是最严重的一种环境要素污染。( )

8. 不准通过普通邮政传递属于国家秘密的文件、资料和其他物品。( )

9. 致意是一种无声的问候,因此向对方致意的距离不能太远,以 8～25 m 为宜,也不能在对方的侧面或背面。( )

10. 爱岗敬业是社会主义职业道德的重要规范,是职业道德的基础和基本精神,是对人们职业工作态度的一种最普遍、最重要的要求。( )

11. 作业现场"5S"管理,安全警示标志、安全线,作业现场材料码放管理,物料、设备、工位器具的现场管理等的好坏对员工安全有很大的影响。( )

12. 操作机器设备前,应对设备进行安全检查,而且要空车运转一下,确认正常后方可投入运行,严禁机器设备带故障运行,千万不能凑合使用,以防出事故。( )

数控镗工(职业道德)答案

一、填 空 题

1. 全心全意为人民服务　　2. 实事求是　　　　　3. 清洁、素养　　4. 工伤保险
5. 主观主义的解释原则　　6. 一倍以上、五倍以下　　7. 人为环境要素
8. 安全、利益　　9. 头　　　　　　　　10. 奉献　　　　11. 套
12. 人体

二、单项选择题

1. C　　　2. B　　　3. C　　　4. B　　　5. C　　　6. A　　　7. C　　　8. C　　　9. A
10. B　　11. B　　12. C

三、多项选择题

1. ABCD　　　2. CD　　　3. ABD　　　4. ABCD　　　5. ABDE　　　6. ABCD
7. BCD　　　8. AC　　　9. ABD　　　10. ABCD　　11. ABD　　12. ABC

四、判 断 题

1. √　　2. ×　　3. √　　4. √　　5. √　　6. √　　7. ×　　8. √　　9. ×
10. √　　11. √　　12. √

数控镗工(中级工)习题

一、填 空 题

1. 正投影法是指投影线与投影面（　　）对形体进行投影的方法。

2.（　　）就是主视图(正视图)、俯视图、左视图(侧视图)的总称。

3. 将机件的（　　）向基本投影面投射所得到的视图称为局部视图。

4. 零件的尺寸基准可以分为设计基准和（　　）。

5. 表达机器或部件的（　　）关系的图样称为装配图。

6. 设计时,根据零件的使用要求,对零件尺寸规定一个允许的（　　）,这个允许的尺寸变动量即为尺寸公差。

7. 形位公差是指零件要素的（　　）和实际位置对于设计所要求的理想形状和理想位置所允许的变动量。

8. 轴测图的基本作图方法有坐标法、（　　）和切割法。

9. 表达机器或部件的组成及装配关系的图样称（　　）。

10. 轮廓算术平均偏差 R_a 是指在（　　）,轮廓偏距绝对值的算术平均值。

11. 当零件表面的大部分粗糙度相同时,可将相同的粗糙度代号标注在（　　）,并在前面加注其余两字。

12. 金属材料可分为钢铁金属和（　　）两类。

13.（　　）的性能可分为机械性能和工艺性能。

14.（　　）的工艺性能包括热处理工艺性能、铸造性能、锻造性能、焊接性能、切削加工性能。

15. 铸铁可分为白口铸铁、灰口铸铁、可锻铸铁、（　　）、蠕墨铸铁及特殊性能铸铁。

16. 钢的热处理是将钢在固态下施以不同的加热、保温和冷却,从而获得需要的（　　）和性能的工艺过程。

17. 合金结构钢钢号由（　　）三部分组成,前面的数字表示平均含碳量的万分之几。

18. 铬是使不锈钢获得耐蚀性的基本元素,当钢中含铬量达到12%左右时,铬与腐蚀介质中的氧作用,在钢表面形成一层（　　）可阻止钢的基体进一步腐蚀。

19. 有色金属及其合金又称（　　）,是指除 Fe、Cr、Mn 之外的其他所有金属材料。

20. 理论结晶温度与实际结晶温度之差称为（　　）。

21. 非金属材料是除金属材料以外的其他一切材料的总称,主要包括有机高分子材料、无机非金属材料和（　　）三大类。

22. 低合金钢中 Mn、Si 的主要作用主要是强化（　　）。

23. 合金刃具钢中 Cr、Mn、Si 主要是提高钢的淬透性,Si 还能提高（　　）。

24. 在高温下有一定（　　）和较高强度以及良好组织稳定性的钢称为热强钢。

25. 表面淬火是将工件的表面层淬硬到一定深度,而心部仍保持(   )状态的一种局部淬火法。

26. 橡胶是以(   )为原料,加入多种配合剂及骨架材料而组成的高分子弹性体。

27. (   )是一种挠性传动,它由链条和链轮组成。

28. 无论是一般车削,还是车螺纹,进给量都是以主轴转一转,(   )的距离来计算。

29. 零件的机械加工质量包括加工精度和(   )。

30. (   )金属不能采用磨削加工。

31. 如果流量稳定,液压油缸直径(   ),活塞运动速度越快。

32. 砂轮是磨削加工的刀具,是由磨料(沙粒)用结合剂粘贴在一起焙烧而成的(   )。

33. 现国标砂轮书写顺序:砂轮代号、尺寸(外径×厚度×孔径)、(   )、组织、结合剂、最高工作线速度。

34. 数控车床所采用的可转位车刀,其几何参数是通过刀片(   )和刀体上刀片槽座的方位安装组合形成的。

35. 在切削过程中刀具与工件之间的(   )叫做切削运动。

36. 切削要素包括(   )和切削层横截面要素。

37. 量具根据用途不同可以分为三种类型:(   )、专用量具和标准量具。

38. 游标卡尺读数=尺身读数+(   )。

39. 千分尺的读数=套管读数+(   )。

40. 百分表的(   )1 mm,通过齿轮传动系统使大指针回转一周。

41. 夹具定位元件的结构和尺寸,主要取决于工件上已被选定的(   )的机构形状、大小及工件的重量等。

42. 正五边形刀片的刀尖角为(   ),其强度、耐用度高、散热面积大。但切削时径向力大,只宜在加工系统刚性较好的情况下使用。

43. 一般数控车床主要由控制介质、数控装置、(   )和机床四个基本部分组成。

44. 点位控制数控机床的特点是(   )从一点移动到另一点的准确定位,各坐标轴之间的运动是不相关的。

45. 零件程序所用的代码主要有准备功能 G 指令、进给功能 F 指令、主轴功能 S 指令、刀具功能 T 指令、(   )M 指令。

46. 数控车床(   )中,POS 键表示坐标位置显示;PROGRAM 键表示程序显示;OFFSET/SETTING 键表示刀具补偿(偏置设定)。

47. 加工中心的主要加工对象有箱体类零件、(   )、异形件和盘、套、板类零件。

48. (   )用于设定加工进给率值,通常用 F 后面的数据直接指定进给率。

49. (   )程序段一般位于程序的中间,根据具体要加工零件的加工工艺,按刀具切削轨迹逐段编写出程序。

50. 编写原点选择应尽可能与图纸上的(   )重合。

51. FANUC 系统文件名一般以(   )跟后面四位数组成。

52. 划线工具按用途分类可分为:(   )、量具、绘划工具和辅助工具。

53. 交叉锉法效率高且能判断加工部分是否锉平,当平面基本锉销平滑,可用细锉或油光锉以(   )法修光。

54. 铰孔时，切削液对孔的扩张量与孔的（　　　）有一定的影响。

55. 在工件上加工出内、外螺纹的方法，主要有（　　　）和滚压加工两类。

56. 梯形螺纹：牙型角为（　　　），牙型为等腰梯形。

57. ＿＿＿是（　　　）的符号。

58. 万能转换开关的型号表达样式如下：LW5——额定电流 ＋（　　　）＋接线图编号/数字表示触头系统挡数。

59. 熔断器的保护特性也就是熔体的熔断特性，一般也称作为（　　　）。

60. 万用表不用时，不要旋在（　　　）挡，因为内有电池，如不小心易使两根表棒相碰短路，不仅耗费电池，严重时甚至会损坏表头。

61. 一般认为电机是指电能与机械能或电能与电能相互转换的设备，前者即（　　　），包括发电机和电动机；后者即变压器。

62. 常见的灭弧方法有电动力吹弧、（　　　）、栅片灭弧和磁吹灭弧。

63. 触电是人体直接或间接接触到带电体，（　　　）通过人体造成的伤害，分电击与电伤两种。

64. 凡是操作人员的工作位置在坠落基准面（　　　）m 以上时，则必须在生产设备上配置供站立的平台和防坠落的防护栏杆。

65. 机械伤害的主要原因有三：一是人为的不安全因素；二是（　　　）；三是操作环境不良。

66. 环境保护是指人类为解决现实的或潜在的环境问题，协调人类与环境的关系，保障经济社会的（　　　）而采取的各种行动的总称。

67. 环境保护是利用（　　　）的理论和方法，协调人类与环境的关系，解决各种问题，保护和改善环境的一切人类活动的总称。

68. 组织与供方相互依存，互利的关系可增强双方（　　　）的能力。

69. 决策的四要素为决策者、（　　　）、决策信息和决策方法。

70. （　　　）和动态性是系统（体系）的四个主要特征。

71. 某表面用去除材料的方法获得的粗糙度，轮廓算术平均偏差的上限值为 0.8 μm，在图纸上如何标注该粗糙度（　　　）。

72. 用以确定某些点、线、面位置的点、线、面称为（　　　）。

73. 剖视图主要用于表达零部件（　　　）的结构形状。

74. 表示两个零件之间配合性质的尺寸，称为（　　　）。

75. 制定工艺规程时，退火通常安排在粗加工之前，淬火应安排在精磨加工（　　　）。

76. 切削用量中对切削力影响最大的是（　　　），对切削力影响最小的是切削速度。

77. 切削液的作用包括（　　　）、润滑作用、防锈作用和清洗作用。

78. 镗削用量的选择原则是在加工工艺都能满足工件上的加工表面的各种技术要求的前提下，选择（　　　）镗削用量。

79. 工件镗削时变形的主要原因是由于（　　　）和夹紧力的因素所造成的。

80. 采取布置适当的六个支承点来消除工件六个自由度的方法称为（　　　）。

81. 工件装夹时要保证正确定位和可靠（　　　），并且要做到装卸方便。

82. 使用组合夹具的优点在于，可以缩短（　　　），能节约人力和物力以及保证产品质量。

83. 夹紧力的作用点应尽量靠近（　　　），减小切削力对夹紧作用点的力矩。

84. 镗削铝合金材料时，外圆镗刀以锋利为主，应增大刀（　　），一般取前角为30°。

85. 较大的（　　）角可减少切削变形，使切削抗力减小，故刀具磨损减慢。

86.（　　）刀面是直接切入和挤压被切削层使切屑沿着它排出的表面。

87. 刀具材料的硬度应（　　）工件材料的硬度。

88. 刀具磨损到一定程度必须重磨，这时的磨损限度称为（　　）。

89. 带刀库的自动换刀系统由（　　）和刀具交换机构组成。

90. 数控系统中控制刀具运动轨迹的指令用G代码和（　　）代码。

91. 数控系统中按其运行特征，程序可分为主程序和（　　）。

92. 采用循环指令加工圆锥面，（　　）的确定至关重要。若确定不慎，有可能导致扎刀事故。

93. FANUC数控程序中，子程序可以被主程序调用，调用子程序的指令为（　　）。

94. 镗床维护保养作业完成后，清洁相关部位的污渍、油、水，归类整理（　　）工具、物品。

95. 一个零件的轮廓可能由许多不同几何要素组成，如直线、圆弧、二次曲线等。各几何要素之间的连接点称为（　　）。

96. 为了正确合理的使用数控镗床，保证磨床的正常运转和操作者的人身安全，操作者应该认真执行（　　）。

97. 伺服电机有（　　）两类。

98. 若液压泵吸空、磨床机械振动及液压系统中含有空气，则液压系统工作时会产生（　　）。

99. 要求稳态的数控机床，开机后要进行（　　），运行时间根据机床不同而确定。

100. 导轨常用的润滑剂有润滑油和润滑脂，滑动导轨要用（　　）润滑，滚动导轨则两者都可。

101.（　　）是指在机床上设置的一个固定原点，即机床坐标系的原点。

102. 数控机床中的标准坐标系采用（　　），并规定增大刀具与工件之间距离的方向为坐标正方向。

103. 数控机床坐标系三坐标轴X、Y、Z及其正方向用右手定则判定，X、Y、Z各轴的回转运动及其正方向＋A、＋B、＋C分别用（　　）判断。

104. 选择"ZX"平面指令是（　　）。

105. 数控机床的混合编程是指在编程时可以采用（　　）和增量编程。

106. 绝对编程指令是G90，增量编程指令是（　　）。

107. 笛卡尔坐标系与数学上的直角坐标系不同的是，它的横轴为（　　），纵轴为Y轴。

108. 笛卡尔坐标系就是（　　）和斜角坐标系的统称。

109. RS232主要作用是用于程序的（　　）。

110. 将数控指令输入给（　　），根据程序载体的不同，相应有不同的输入装置。

111. 输入装置的输入方法有（　　）与直接输入。

112. 操作者在数控装置操作面板上用键盘输入加工程序的指令，称为（　　）。

113. 由操作者将数控程序直接输入数控系统中的方法是（　　）。

114. 从零件图开始，到获得数控机床所需控制（　　）的全过程称为程序编制。

115. 编程时的数值计算，主要是计算零件的（　　）的坐标。

116. 编程时可将重复出现的程序编成（　　）。

117. 在指定固定循环之前,必须用辅助功能 M03 使主轴(　　)。

118. 对刀点既是程序的(　　),也是程序的终点。

119. 在数控加工中,刀具刀位点相对于工件运动的轨迹称为(　　)路线。

120. 机床接通电源后的回零操作是使刀具或工作台退回到(　　)。

121. 在数控编程时,使用(　　)指令后,就可以按工件的轮廓尺寸进行编程,而不需按照刀具的中心线运动轨迹来编程。

122. 进给执行部件在低速进给时出现时快时慢,甚至停顿的现象,称为(　　)。

123. 没有手轮时,手动控制机床到达机床或工件坐标系中的某一位置点的操作,在(　　)工作方式下进行。

124. 数控程序编制功能中常用的删除键是(　　)。

125. 在 CRT/MDI 面板的功能键中,用于程序编制的键是(　　)。

126. 在 CRT/MDI 操作面板上页面变换键是(　　)。

127. 细长轴的磨削特点是刚性差,母线容易变形,使用开式中心架是为了减小工件的(　　)和避免产生振动。

128. 磨削细长轴时,工件容易出现(　　)和振动现象。

129. 细长轴磨好后或未磨好因故中断磨削时,也要卸下(　　)存放。

130. 三爪内径千分尺测量时,三个活动量爪与孔壁三点接触(　　),故具有测量精度高,示值较为稳定准确的特点。

131. 检定量具或在车间使用量块时,应使量块与量具或工件温度尽可能(　　)。

132. 一般精度的平行孔系,两孔之间的孔距可以直接使用(　　)进行测量。

133. 用工艺孔对斜孔坐标位置进行检验时,首先要确定工艺孔的轴线到某基准面的实际尺寸,再检验工艺孔及基准孔的实际尺寸,并根据实际尺寸分别配(　　)根测量棒。

134. 造成孔距误差的因素有机床精度因素、刀具因素、(　　)和温度因素等。

135. 位置度包括基准、(　　)、位置公差三要素。

136. 接触测量表面粗糙度的方法是(　　)。

137. 珩磨能提高孔自身的尺寸精度和(　　)等级。

138. 加工误差是指零件加工后实际几何参数与(　　)的几何参数之间的差异。

139. 精镗孔时,经常采用较小的(　　),保证孔的加工精度。

140. 加工后零件的实际尺寸与理想尺寸相符合的程度称为(　　)。

141. 工件的同一个自由度被 2 个或 2 个以上的支承点(　　)的定位,称为过定位。

142. 把(　　)的有关内容写在工艺文件中,用以指导生产,这些工艺文件统称为工艺规程。

143. FANUC 数控程序中,(　　)表示程序号为 1010 的子程序被连续调用 3 次。

144. 采用插补段逼近零件轮廓曲线时产生的误差,称为(　　)。

145. 数控机床常用的丝杠螺母副是(　　)。

146. 导轨润滑的目的是为了降低摩擦力,减少磨损,降低温度和(　　)。

147. 数控机床坐标系 X、Y、Z 各轴的回转运动及其正方向＋A、＋B、＋C 分别用(　　)法则来判定。

148. 刻度误差、磨损误差及(　　)等因素都会造成量具的测量误差。

149. 零件在加工、测量和装配中所使用的基准叫（　　）。

150. 为了保证薄壁工件的加工精度和表面粗糙度,在镗削各孔时应按（　　）的原则来进行。

151. 能同时使工件得到（　　）的装置叫自动定心夹紧机构。

152. 在相同的操作方法和条件下,完成规定操作次数过程中得到的结果一致程度称为（　　）。

153. 进给伺服系统执行由（　　）发来的运动命令,精确控制执行部件的运动方向、进给速度与位移量。

154. 数控系统操作面板一般由 CRT 显示器和（　　）组成。

155. 平面直角坐标系有两个坐标轴,其中 X 轴取（　　）为正方向。

156. 机床通电后,首先要执行（　　）的操作,以建立机床坐标系。

157. 数控机床试运行中采用的程序叫（　　）。

158. 在测量前,工件和千分尺都必须是在（　　）状态下。

159. 将工件的部分结构用大于原图形所采用的比例画出的图形,称为（　　）。

160. 圆柱度公差带是半径差为公差值 t 的（　　）之间的区域。

161. 螺纹差动式微调镗刀构思新颖,微调精度高,可（　　）螺纹间隙。

162. 直观法就是利用（　　）注意发生故障时的现象并判断故障发生的可能部位。

163. 按规定平行于机床主轴的刀具运动坐标为（　　）。

164. 所谓的对刀点,是指在数控加工时刀具相对工件运动的起点,也是（　　）。

165. 数控机床的输入装置其作用是将程序载体上的（　　）传递并存入数控系统内。

二、单项选择题

1. 机件向不平行于任何基本投影面的平面投影所得的视图叫（　　）。
(A)局部视图　　　　(B)斜视图　　　　(C)基本视图　　　　(D)向视图

2. 六个基本视图中最常用的是（　　）视图。
(A)主、右、仰　　　(B)主、俯、左　　　(C)后、右、仰　　　(D)主、左、仰

3. 在图 1 中,正确的断面图是（　　）。

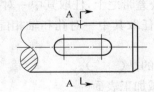

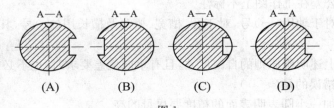

(A)　　　　　(B)　　　　　(C)　　　　　(D)

图 1

4. 下列说法错误的是(　　　)。

(A)在标注非功能尺寸时,应考虑加工顺序和测量的方便

(B)铸件和锻件按形体标注尺寸,便于制作模型和锻模

(C)将不同类型和用途的尺寸分开标注,即能保证加工要求,又能避免不相关尺寸间的互相影响

(D)在标注零件尺寸时,可以不用考虑加工顺序和测量方便,美观即可

5. 下列有关装配图画法说法错误的是(　　　)。

(A)键联接图采用剖视图表达,当剖切平面沿键的纵向剖切时,键无需剖面

(B)当剖切平面垂直键的纵向剖切时,键不必画出剖面线

(C)在零件图上对销孔标注尺寸时,除了标注公称直径外,需要用文字在图件上注明"与件××配作"

(D)滚动轴承的基本代号零件由轴承类代号、尺寸系列代号、内径代号构成

6. 下列有关公差说法错误的是(　　　)。

(A)标准公差确定公差带的大小,基本偏差确定公差带的位置

(B)标准公差的数值由基本尺寸和公差等级来确定

(C)基本偏差一般是指上下两个偏差中靠近零线的那个偏差

(D)孔、轴的公差代号由基本偏差代号和极限度组成

7. 下列不是形位公差组成的要素的是(　　　)。

(A)带箭头的指引线

(B)公差框格

(C)形位公差的特征项目符号、公差数值和有关符号

(D)零件的轴线

8. 下列说法错误的是(　　　)。

(A)基孔制是指基本偏差一定的孔的公差带与基本偏差不同的轴的公差带形成各种配合的一种制度

(B)基轴制是指基本偏差一定的轴的公差带与基本偏差不同的孔的公差带形成各种配合的一种制度

(C)孔的公差带完全位于轴的公差带之上,任取其中一对孔和轴都成为具有过盈配合

(D)孔和轴的公差带相互交叠,任取其中一对孔和轴相配合,可能具有间隙,也可能具有过盈的配合

9. 下列关于自由公差说法错误的是(　　　)。

(A)自由尺寸公差仅适用于机械加工表面

(B)自由尺寸公差在工作图上不标注

(C)单向偏差对于轴用(-)号,对于孔、槽宽、槽深及槽长用(+)号,其余均用双向正负偏差(±)

(D)不能纳入上述明确原则的自由尺寸,且有单向偏差要求时,也不必标注

10. 下列说法错误的是(　　　)。

(A)基本符号加一小圆表明表面的精度要尽量的高

(B)基本符号加一短线,表示表面是用去除材料的方法获得

(C)粗糙度的基本符号表示表面可以用任何方法获得

(D)在粗糙度符号上加一小圆,表示所有表面具有相同的表面粗糙度要求

11. 下列陈述错误的是( )。

(A)加工所要求的限制的自由度没有限制是欠定位,欠定位是不允许的

(B)欠定位和过定位可能同时存在

(C)如果工件的定位面精度较高,夹具的定位元件的精度也高,过定位是可以允许的

(D)当定位元件所限制的自由度数大于六个时,才会出现过定位

12. 下列不属于特殊性能铸铁的是( )。

(A)铸造碳钢　　　(B)耐磨铸铁　　　(C)耐热铸铁　　　(D)耐蚀铸铁

13. 下面属于材料的机械性能的是( )。

(A)铸造性能　　　(B)抗腐蚀性能　　　(C)锻造性能　　　(D)焊接性能

14. 下列属于材料的工艺性能的是( )。

(A)强度　　　(B)硬度　　　(C)热处理性能　　　(D)弹性模量

15. 下列说法不正确的是( )。

(A)灰口铸铁的生产成本低,铸造性能优良,具有减振、耐磨和缺口敏感性小的特点

(B)硫在铸铁中属于有害元素,硫可以完全溶解于铁水中,但在奥氏体和铁素体中的溶解度很小

(C)铸铁中 Mn 是有害元素,它会与硫行程 MnS,严重影响铸铁的性能

(D)铸铁中应该严格控制磷元素的含量

16. 下列关于热处理说法不正确的是( )。

(A)完全退火用于亚共析钢和合金钢的铸、锻件目的是细化晶粒、消除应力,软化钢

(B)中温回火都用于各种弹簧

(C)正火用于表面耐磨,不易产生疲劳破坏,而心部要求有足够的塑性和韧性的工件

(D)低温回火常用于各种工模具及渗碳或表面淬火的工件

17. 下列关于合金结构钢的说法错误的是( )。

(A)优质碳素结构钢有害杂质比较少,强度、塑性、韧性均比普通碳素结构钢好

(B)普通低合金结构钢的成分特点是低碳,低合金以 Mn 为主加元素

(C)渗碳钢通常是指经渗碳、淬火、低温回火后使用的钢

(D)低淬透性合金调质钢这类钢的油淬临界直径为 $60\sim100$ mm 用于制造大截面、重载荷的重要零件

18. 下列关于热强钢说法错误的是( )。

(A)常用的热强钢按正火状态组织主要分为:珠光体、马氏体和奥氏体三个类型

(B)这类热强钢含合金元素最少,其总量一般不超过 3%～5%

(C)马氏体钢这类钢在小于 620 ℃范围内使用

(D)奥氏体钢含的 Cr 和 Ni 总量不超过 10%

19. 下列对于钛及钛合金说法错误的是( )。

(A)工业纯钛分为 TA1、TA2、TA3 三种牌号,后面的数字为顺序号,顺序号越大,杂质含量越高

(B)在钛中加入 Al、O、N、C 等 α 相稳定化合金元素时,可提高钛的同素异晶转变温度

(C)常用的钛合金的热处理方法有退火、淬火＋时效和化学处理等

(D)钛对热强碱、氢氟酸以及还原性酸有极强的抵抗力

20. 下列关于过冷奥氏体转变产物特点说法错误的是(   )。

(A)上贝氏体渗碳体分布在铁素体条之间,使之容易脆性断裂

(B)下贝氏体针状铁素体细小方向一致性强

(C)半条马氏体平行的板条群分布在奥氏体晶界内,板条群间呈一定角度

(D)片状马氏体凸透镜状,初生者较厚长,横跨奥氏体晶粒;次生者尺寸较小

21. 下列有关高分子材料说法错误的是(   )。

(A)高分子材料可以按照材料的来源、性能、结构和用途等进行分类

(B)按照高分子材料的不同来源可分为天然高分子材料和合成高分子材料

(C)按照高分子热行为及成型特点可分为耐热高分子材料和聚合高分子材料

(D)高分子的几何构型分为线型高聚物、支链高聚物和网体高聚物

22. 下列关于碳钢说法错误的是(   )。

(A)Q195、Q215、Q235、Q255、Q275 都属于低碳钢

(B)Q195 钢含碳量低、塑性好,常用作制铁钉、铁丝及各种薄板

(C)Q215 Q235 Q255 等牌号钢可以用作制作铆钉、螺钉、螺母

(D)Q275 可代替 30 或 40 钢作某些普通的零件

23. 下列关于钢说法错误的是(   )。

(A)工具钢的碳含量较高,铸造组织常含有网状碳化物等缺陷

(B)工具钢必须进行严格充分的锻造加工以完全消除器铸造缺陷

(C)铸造后预备热处理一般为正火,目的是增强材料强度

(D)工具钢锻造冷却后材料的组织不均匀或有碳化网格是预备热处理应为正火＋球化退火

24. 为了提高钢的热强度,通常采取的措施说法错误的是(   )。

(A)固溶热的热强性首先取决于固溶体自身的晶体结构

(B)高温下晶界的强度比较低,有利于蠕动

(C)从过饱和固溶体中沉淀析出第二相也是提高热钢热强性的重要途径之一

(D)珠光体钢含有大量的合金元素,尤其是含有较高的 Cr 和 Ni

25. 下列说法错误的是(   )。

(A)渗碳是将工件至于渗碳介质中,在一定温度下使其表面渗入碳原子形成渗碳层的化学热处理工艺

(B)火焰加热表面淬火是利用高频磁场对工件表面进行淬火的一种形式

(C)表面淬火是将工件的表面层淬硬到一定深度,而心部仍保持未淬火状态的一种局部淬火法

(D)激光加热表面淬火的特点是加热时间短、加热速度快、工件变形小

26. 下列关于橡胶的说法错误的是(   )。

(A)橡胶的最大特点是高弹性,且弹性模量很低,只有 1 Mp(A)而外加作用下变形量则可达(100%～1 000%)且易于回复

(B)橡胶有储能、耐磨、隔音、绝缘的性能。广泛用于制造密封件、减振件、轮胎、电线等

(C)凡能保持长度比本身直径大 100 倍的均匀条状或丝状的高分子材料称为纤维

(D)天然橡胶主要是为在高温、低温、酸碱油和辐射等特殊介质下工作而制作的

27.　下列关于齿轮传动润滑的说法错误的是(　　　)。

(A)开式及半开式齿轮传动或速度低的闭式齿轮传动,通常用人工做周期性加油润滑

(B)闭式齿轮传动,当齿轮的圆周速度 $v<12$ m/s 时常把大齿轮侵入油池中进行润滑

(C)当齿轮的圆周速度 $v>12$ m/s 时,应采用喷油润滑

(D)对于多齿轮润滑情况下,不可使用甩油轮进行润滑,可酌情提高油面的高度

28.　下列不是机床的主要技术参数的是(　　　)。

(A)蒙皮外形结构参数　　　　　　　(B)尺寸参数

(C)运动参数　　　　　　　　　　　(D)动力参数

29.　下列关于可转位车刀说法错误的是(　　　)。

(A)刀具的使用寿命长　　　　　　　(B)生产效率高

(C)有利于推广新技术、新工艺　　　(D)成本较焊接刀较高

30.　下列关于加工工序安排说法错误的是(　　　)。

(A)加工时的主要表面是指工作表面、装配基准面

(B)最终热处理的作用是指改善金属组织和切削性能的热处理过程

(C)加工时的次要表面是指非工作表面、键槽、螺钉孔、螺纹孔等

(D)预备热处理应放在粗、精加工之间进行

31.　下列关于液压错误的是(　　　)。

(A)液体中各点的压力在所有的方向上均相等

(B)液体压力总是垂直作用于液体内任意表面

(C)作用在密闭容器内的静止液体的一部分上的压力,以相等的强度(压力)传递到液体的所有部分

(D)液压系统的传动比具有很高的精度

32.　下列不能做砂轮磨料的是(　　　)。

(A)棕刚玉　　　(B)氮化硅　　　(C)氮化钾　　　(D)立方氮化硼

33.　下列列举常用的砂轮不正确的的是(　　　)。

(A)环状砂轮　　　(B)平形砂轮　　　(C)筒形砂轮　　　(D)环形砂轮

34.　在大批量生产中一般不使用(　　　)。

(A)完全互换法装配　　　　　　　　(B)分组互换法装配

(C)修配法装配　　　　　　　　　　(D)固定调整法装配

35.　下列关于切削说法错误的是(　　　)。

(A)合金钢、铜和铝合金常出现此类切屑

(B)铝合金或低速切削钢会得到挤裂切屑

(C)铅和低速切削钢会得到单元切屑

(D)在切削脆性金属时易出现崩碎切屑

36.　下列不属于工件切削层参数的是(　　　)。

(A)切削模量　　　(B)切削厚度　　　(C)切削宽度　　　(D)切削面积

37.　合理地选择测量方法下列说法不正确的是(　　　)。

(A)应满足被测对象的准确度和精确度

(B)必须考虑低成本,容易实现

(C)计量器具应简单可靠、操作方便、容易维护

(D)为了提高测量精度,不计成本必需使用更高精度的仪器

38. 下列关于游标卡尺说法错误的是( )。

(A)游标卡尺分度值有 0.1 mm、0.05 mm、0.02 mm 三种

(B)侧外尺寸时,需将两量爪上下串动,通过摆动尺身,以确定量抓的最小开度

(C)测内径尺寸时,固定量爪靠紧被动测面不动,用上下左右摆动尺身,并微调量爪以确定最小开度

(D)看读数时,两眼要顺着刻线看,不能与刻线产生倾斜

39. 关于千分尺下列说法错误的是( )。

(A)用外径千分尺测得某销外径为 6.000 3 mm

(B)套筒上可读得毫米数和半毫米数

(C)微分筒圆周上分 50 格,分度值为每个 0.01 mm

(D)当测微螺杆接触另一被测面时,会发生咔咔声,此时应将测微螺杆前后、左右移动,以确定测量的正确位置

40. 下列关于百分表和千分表说法错误的是( )。

(A)百分表和千分表用来精确测量零件圆度、圆跳动、平面度和直线度等形位误差

(B)百分表长指针每转一格为 0.01 μm

(C)百分表的分度值为 0.01 mm,千分表的分度值为 0.001 mm

(D)百分表和千分表测量时均需配有专用表夹和表座

41. 下列关于六点定位原理说法错误的是( )。

(A)六点定位原理对于任何形状工件的定位都是适用的

(B)工件在空间具有六个自由度

(C)要完全确定工件的位置,就必须消除这六个自由度

(D)在实际的工作中出现出现过定位和欠定位也不影响零件的加工

42. 下列关于螺纹说法错误的是( )。

(A)右螺纹应标注 HL

(B)管螺纹的尺寸代号是指管子孔径的近似值

(C)55°非密封管螺纹其内外螺纹都是圆框管螺纹

(D)55°密封管螺纹右旋不需要标注

43. 下列属于特种加工类数控机床的是( )。

(A)数控火焰切割机 (B)数控对刀仪 (C)数控绘图仪 (D)镗铣加工中心

44. 下列不属于点位控制数控机床的是( )。

(A)数控钻床 (B)数控镗床 (C)数控车床 (D)数控冲床

45. 下列关于数控程序说法错误的是( )。

(A)M00 选择停止 (B)M02 程序结束 (C)M05 主轴停转 (D)M30 程序结束

46. 下列关于数控机床坐标系说法错误的是( )。

(A)数控机床的坐标系已经标准化,按左手直角笛卡尔坐标系确定

(B)机床坐标是机床固有的坐标系,机床坐标系的方位是参考机床上的一些基准确定

(C)机床原点(机械原点)是机床坐标铣的原点,它的位置是在各坐标的正向最大极限处

(D)工作坐标系是编程人员在编程和加工工件是建立的坐标系

47. 下列关于数控机床的指令功能说法不正确的是( )。

(A)M功能是用来控制机床各种辅助动作及开关状态的

(B)F功能是用来规定刀具和工件的相对运动轨迹、机床坐标系、插补坐标平面等各种加工操作

(C)T功能进给功能是表示进给速度

(D)S功能主要表示主轴转速或速度

48. 下列陈述错误的是( )。

(A)加工所要求的限制的自由度没有限制是欠定位,欠定位是不允许的

(B)欠定位和过定位可能同时存在

(C)如果工件的定位面精度较高,夹具的定位元件的精度也高,过定位是可以允许的

(D)当定位元件所限制的自由度数大于六个时,才会出现过定位

49. 车丝杠时,产生内螺距误差的原因是( )。

(A)机床主轴径向跳动　　　　　　　(B)机床主轴径向跳动

(C)刀具热伸长　　　　　　　　　　(D)传动链误差

50. ( )为变值系统误差。

(A)调整误差　　　　　　　　　　　(B)刀具线性磨损

(C)刀具的制造误差　　　　　　　　(D)工件材料不均匀引起的变形

51. ( )为常值系统误差。

(A)机床、夹具的制造误差　　　　　(B)刀具热伸长

(C)内应力重新分布　　　　　　　　(D)刀具线性磨损

52. 车丝杆时,产生螺距累积误差的原因是( )。

(A)机床主轴径向距动　　　　　　　(B)车床主轴轴向窜动

(C)机床传动链误差　　　　　　　　(D)刀具磨损

53. 下列关于锉削加工的错误说法是( )。

(A)锉刀选择好后,要预留加工余量,由于锉削的工件一般都不大,所以理论上锉削余量不应超过 0.5 mm

(B)半精加工时,在细锉上涂上粉笔灰,是为了使检查纹理变得更加容易

(C)锉削时切忌用油石和砂布,只要掌握了正确的锉削技巧,加工出来的工件肯定能满足图样要求

(D)锉削时用力过大易让其很快磨损变钝,而且会使切屑过大留藏在刀刃中,这样便会影响锉刀的锉削效率,锉刀使用寿命也大打折扣

54. 下列关于扩孔说法错误的是( )。

(A)扩孔钻有 3~4 个刀齿,刀具周边的棱边数增多,导向作用相对增强

(B)扩孔可达到的尺寸公差等级为 IT11~IT10,表面粗糙度值为 $Ra12.5~6.3~\mu m$,属于孔的粗加工方法

(C)扩孔与钻孔相比加工精度高表面粗糙度值较低且可在一定程度上校正钻孔的轴线

误差

(D)扩孔钻无横刃参加切削,切削轻快,可采用较大的进给量

55. 下列关于螺纹过盈配合的说法错误的是( )。

(A)螺纹过渡适用于配合较紧,配合性质变化较小的重要部件

(B)对左旋螺纹应在螺纹尺寸代号之后,加注左旋代号"LH"

(C)对于螺纹的过盈配合中粗牙螺纹,在螺纹尺寸代号中也必须要注出螺距值

(D)对于螺纹的过盈配合螺纹的作用中径与单一中径之差,不得大于其中径公差的四分之一

56. 下列螺纹加工加工精度说法错误的是( )。

(A)螺纹车削,螺纹精度 8～9 级   (B)螺纹铣削,螺纹精度 8～9 级

(C)螺纹磨削,螺纹精度 7～9 级   (D)螺纹滚压,螺纹精度 2 级

57. 下列电子元件不具有单项导电性的是( )。

(A)　　　　　(B)　　　　(C)　　　　(D)

58. 判断下列定义正确的是( )。

(A)工序是一个(或一组)工人在一台机床(或一个工作地),对一个(或同时对几个)工件进行加工所完成的那部分加工过程

(B)安装是指在一道工序中,工件在若干次定位夹紧下所完成的工作

(C)工位是指在工件的一次安装下,工件相对于机床和刀具每占据一个正确位置所完成的加工

(D)工步是在一个安装或工位中,加工表面、切削刀具及切削深度都不变的情况下所进行的那部分加工

59. 下列关于低压熔断器说法错误的是( )。

(A)熔体额定电流不能大于熔断器的额定电流

(B)可以用不易熔断的其他金属丝代替

(C)安装时熔体两端应接触良好

(D)更换熔体时应切断电源,不应带电更换熔断器

60. 下列关于万用表的测量说法错误的是( )。

(A)测量电流与电压不能旋错挡位。如果误将电阻挡或电流挡去测电压,就极易烧坏电表。万用表不用时,最好将挡位旋至交流电压最高挡,避免因使用不当而损坏

(B)测量电阻时,不要用手触及元件的裸体的两端(或两支表棒的金属部分),以免人体电阻与被测电阻并联,使测量结果不准确

(C)测量电阻时,如将两支表棒短接,调"零欧姆"旋钮至最大,指针仍然达不到 0 点,可能是被测电阻过小

(D)万用表不用时,不要旋在电阻挡,因为内有电池,如不小心易使两根表棒相碰短路,不仅耗费电池,严重时甚至会损坏表头

61. 用于频繁地接通和分断交流主电路和大容量控制电路的低压电器是( )。

(A)按钮   (B)交流接触器   (C)主令控制器   (D)断路器

62. 下列不属于机械设备的电气工程图是( )。

(A)电气原理图   (B)电器位置图   (C)安装接线图   (D)电器结构图

63. 下列表现属于电伤触电造成的是( )。

(A)电灼伤　　　　　　　　　　(B)刺麻

(C)打击感伴随肌肉收缩　　　　　(D)严重的心率不齐

64. 下列关于动设备的安全环境要求说法错误的是( )。

(A)动设备的操作岗位,应设防滑、防坠落的安全平台和栏杆

(B)动设备的操作岗位在 4 m 以上时,应配置安全可靠的操作平台、梯子和栏杆

(C)动设备的操作岗位必须有良好的照明和通风

(D)噪声大的动机械设备,应设隔音设施,或给职工提供耳塞等防护用品

65. 对安全防护装置、栅栏和防护罩的要求不正确的是( )。

(A)使操作者既可以接触到运转工件,又可以受到保护

(B)当操作者接近运动中零部件时,动机械设备应能立即自动停车

(C)安全防护装置应便于检查、调节和维修

(D)安装牢固、维修完毕及时复原

66. 下列关于环境保护和环境改善说法错误的是( )。

(A)开发利用自然资源,必须采取措施保护生态环境

(B)国务院和沿海地方人民政府应当加强对海洋环境的保护

(C)制定城市规划,可以根据城市需要占用耕地经行建设

(D)城乡建设应当结合当地自然环境的特点,保护植被、水域和自然景观

67. 下列质量管理体系术语说法错误的是( )。

(A)产品指过程的结果

(B)过程为将输入转化为输出的相互关联或关联或相互作用的一组活动

(C)顾客满意是指明示的,通常隐含的或必须履行的需求和期望

(D)能力是指经证实的应用知识和技能的本领

68. 机械加工安排工序时,应首先安排加工( )。

(A)主要加工表面　　　　　　　(B)质量要求最高的表面

(C)主要加工表面的精基准　　　　(D)主要加工表面的粗基准

69. 积屑瘤在加工过程中起到好的作用是( )。

(A)减小刀具前角　　(B)保护刀尖　　(C)保证尺寸精度　　(D)减小刀具后角

70. 顺铣与逆铣相比较,其优点是( )。

(A)工作台运动稳定　(B)刀具磨损减轻　(C)散热条件好　　(D)生产效率高

71. 尺寸链组成环中,由于该环减小使封闭环增大的环称为( )。

(A)增环　　　　(B)闭环　　　　(C)减环　　　　(D)间接环

72. $\phi30H7/n6$ 表示的配合为( )。

(A)基孔制间隙配合　　　　　　　(B)基轴制过渡配合

(C)基孔制过盈配合　　　　　　　(D)基孔制过渡配合

73. 划分工序的主要依据是零件加工过程中( )是否变动。

(A)操作工人　　　(B)操作内容　　　(C)工作地　　　(D)工件

74. 在切削用量中,对刀具磨损影响最大的是( )。

(A)进给量　　　　(B)切削速度　　　(C)切削深度　　　(D)每齿进给量

75. 同时在工件上几个不同方向的表面上划线,才能明确表示出加工界线的,称为(　　)。

(A)立体划线　　　(B)平面划线　　　(C)检查线　　　(D)基准线

76. 在粗加工过程中,由于切削用量大,产生的热量多,应选用以(　　)作用为主的切削液,以降低切削温度。

(A)冷却　　　(B)润滑　　　(C)清洁　　　(D)防锈

77. 圆锥孔工件在短圆锥上定位相当于限制了(　　)个自由度。

(A)3 个　　　(B)4 个　　　(C)5 个　　　(D)6 个

78. 在镗削加工中,为了使工件保持良好的稳定性,应该选择工件上(　　)表面作为主要定位面。

(A)最大的　　　(B)任意的　　　(C)最小的　　　(D)未加工面

79. 在大批大量生产中,最适宜选用(　　)夹具。

(A)通用　　　(B)成组　　　(C)专用　　　(D)随行

80. 组合夹具中定位元件,主要用于确定各元件之间或元件与(　　)之间的相对位置关系,以保证胎具的组装精度。

(A)工件　　　(B)机床　　　(C)刀具　　　(D)工作台

81. 通常夹具的制造误差应是工件在该工序中允许误差的(　　)。

(A)1～3 倍　　　(B)1/10～1/100　　　(C)1/3～1/5　　　(D)工序误差

82. 镗削脆性材料时,切削力指向刀尖附近,一般取(　　)前角。

(A)较大　　　(B)较小　　　(C)较大负　　　(D)较大正

83. 为了减少外圆镗刀在切削过程中径向切削力引起的振动,一般采用(　　)以上的主偏角。

(A)45°　　　(B)60°　　　(C)75°　　　(D)90°

84. 内螺纹镗刀的刀尖角平分线必须与镗刀杆中心线(　　)。

(A)垂直　　　　　　　　　　(B)水平
(C)倾斜一个螺纹升角　　　　(D)倾斜一个后角

85. 高速钢其高温硬度、耐磨性都较好,在 600 ℃高温下仍能维持其切削性能。常用牌号为(　　)。

(A)T10A　　　(B)W18Cr4V　　　(C)YT15　　　(D)9SiCr

86. 外圆槽面镗刀的两侧切削刃上所受切削力相等时,可避免刀刃崩裂。为此,切削刃必须同中心线(　　)。

(A)不对称　　　(B)垂直　　　(C)对称　　　(D)平行

87. 为了提高加工精度,对刀点应选在零件的设计基准或工艺基准上。使"刀位点"与"对刀点"(　　)。

(A)远离工件原点　　　(B)远离机床原点　　　(C)远离参考点　　　(D)重合

88. 数控系统中用于控制主轴转速和刀具功能的代码分别是(　　)。

(A)G 代码和 F 代码　　　　　(B)G 代码和 T 代码
(C)S 代码和 T 代码　　　　　(D)T 代码和 F 代码

89. G02 X20 Y20 R-10 F100;所加工的一般是(　　)。

(A)整圆　　　　　　　　　　(B)夹角≤180°的圆弧

(C)180°<夹角<360°的圆弧   (D)120°<夹角<270°的圆弧

90. 圆弧插补指令 G03 X Y R 中,X、Y 后的值表示圆弧的(　　)。

(A)起点坐标值   (B)终点坐标值

(C)圆心坐标相对于起点的值   (D)圆心坐标相对于终点的值

91. 单一固定循环中不包括(　　)。

(A)G90   (B)G91   (C)G92   (D)G94

92. 在数控镗床上钻孔的编程中,固定循环前需选择(　　)和钻孔轴。

(A)定位平面   (B)定位轴   (C)定位基准   (D)定位初始值

93. FANUC 数控程序中,用于子程序结束的指令是(　　)。

(A)M96   (B)M97   (C)M98   (D)M99

94. 数控程序编程中对几何图形数学处理时,当被加工零件轮廓形状与机床的插补功能不一致时,编程时用直线或圆弧去逼近被加工曲线,这时,逼近线段与被加工曲线的交点就称为(　　)。

(A)基点   (B)交点   (C)坐标点   (D)原点

95. 数控机床工作粉尘过多,则会严重损坏和侵蚀系统的(　　),引发事故。

(A)CNC 系统   (B)电控箱   (C)液压系统   (D)外露部分

96. 数控机床如长期不用时最重要的日常维护工作是(　　)。

(A)清洁   (B)干燥   (C)通电   (D)通风

97. 机床(　　)不能随意修改,以免影响机床性能发挥,误操作时要即时向维修人员说明情况,进行即时处理。

(A)参数设置   (B)数控装置   (C)储存器数据   (D)程序

98. 数控机床工作时,当发生任何异常现象需要紧急处理时应启动(　　)。

(A)程序停止功能   (B)暂停功能   (C)紧停功能   (D)立即停止操作

99. 数控机床中最典型的进给装置是(　　)。

(A)齿轮齿条传动系统   (B)导轨

(C)滚珠丝杠传动系统   (D)工作台

100. 数控机床加工调试中遇到问题想停机应先停止(　　)。

(A)冷却液   (B)主运动   (C)进给运动   (D)辅助运动

101. G00 的指令移动速度值是(　　)。

(A)机床参数指定   (B)数控程序指定   (C)操作面板指定   (D)操作者指点

102. 液压回路主要由能源部分、控制部分和(　　)部分构成。

(A)换向   (B)执行机构   (C)调压   (D)各种管路

103. 数控机床的标准坐标系是以(　　)来确定的。

(A)右手直角笛卡尔坐标系   (B)绝对坐标系

(C)相对坐标系   (D)空间坐标系

104. 在数控机床坐标系中平行机床主轴的直线运动为(　　)。

(A)X 轴   (B)Y 轴   (C)Z 轴   (D)C 轴

105. 选择"ZX"平面指令是:(　　)。

(A)G17   (B)G18   (C)G19   (D)G20

106. 数控编程人员在数控编程和加工时使用的坐标系是(   )。
(A)右手直角笛卡尔坐标系   (B)机床坐标系
(C)工件坐标系   (D)直角坐标系

107. 在数控机床坐标系中平行机床主轴的直线运动为(   )。
(A)X 轴   (B)Y 轴   (C)Z 轴   (D)C 轴

108. ISO 标准规定增量尺寸方式的指令为(   )。
(A)G90   (B)G91   (C)G92   (D)G93

109. 设 G01 X30 Z6 执行 G91 G01 Z15 后,正方向实际移动量(   )。
(A)9 mm   (B)21 mm   (C)15 mm   (D)20 mm

110. 下列指令不能设立工件坐标系的是(   )。
(A)G54   (B)G92   (C)G55   (D)G91

111. 数控装置将所收到的信号进行一系列处理后,再将其处理结果以(   )形式向伺服系统发出执行命令。
(A)输入信号   (B)位移信号   (C)反馈信号   (D)脉冲信号

112. (   )是指机床上一个固定不变的极限点。
(A)机床原点   (B)工件原点   (C)换刀点   (D)对刀点

113. 机床坐标系判定方法采用右手直角的笛卡尔坐标系。增大工件和刀具距离的方向是(   )。
(A)负方向   (B)正方向   (C)任意方向   (D)条件不足不确定

114. RS232 主要作用是用于程序的(   )。
(A)自动输出   (B)自动输入   (C)手动输出   (D)手动输入

115. 下列对 MDI 功能的适用范围叙述不正确的是(   )。
(A)适用于比较短的程序   (B)适用于比较长的程序
(C)只能使用一次   (D)机床动作后程序即消失

116. 程序中指定了(   )时,刀具半径补偿被撤消。
(A)G40   (B)G41   (C)G42   (D)G50

117. G01 X30 Z6 执行 G91 G01 Z15 后,正方向实际移动量(   )。
(A)9 mm   (B)21 mm   (C)15 mm   (D)20 mm

118. 刀尖半径左补偿方向的规定是(   )。
(A)沿刀具运动方向看,工件位于刀具左侧
(B)沿工件运动方向看,工件位于刀具左侧
(C)沿工件运动方向看,刀具位于工件左侧
(D)沿刀具运动方向看,刀具位于工件左侧

119. 圆弧插补指令 G03,X、Y、R 中,X、Y 后的值表示圆弧的(   )。
(A) 起点坐标值   (B) 终点坐标值
(C)圆心坐标相对于起点的值   (D)圆心坐标相对于终点的值

120. CBN 刀具是指(   )材料。
(A)立方氮化硼   (B)人造金刚石   (C)金属陶瓷   (D)陶瓷

121. 当加工一个外轮廓零件时,常用 G41/G42 来偏置刀具。如果加工出的零件尺寸大

于要求尺寸,只能再加工一次,但加工前要进行调整,而最简单的调整方法是( )。

(A)更换刀具 (B)减小刀具参数中的半径值

(C)加大刀具参数中的半径值 (D)修改程序

122. 在 G43 G01 Z15 H15 语句中,H15 表示( )。

(A)Z 轴的位置是 15 (B)刀具表的地址是 15

(C)长度补偿值是 15 (D)半径补偿值是 15

123. 数控机床每次接通电源后在运行前首先应做的是( )。

(A)给机床各部分加润滑油 (B)检查刀具安装是否正确

(C)机床各坐标轴回参考点 (D)工件是否安装正确

124. 数控机床操作时,每起动一次,只进给一个设定单位的控制称为( )。

(A)单步进给 (B)点动进给 (C)单段操作 (D)分部操作

125. 数控机床工作时,当发生任何异常现象需要紧急处理时应启动( )。

(A)程序停止功能 (B)暂停功能 (C)紧停功能 (D)紧停功能

126. 程序编制中首件试切的作用是( )。

(A)检验零件图样的正确性

(B)检验零件工艺方案的正确性

(C)检验程序的正确性,并检查是否满足加工精度要求

(D)仅检验数控穿孔带的正确性

127. 在 CRT/MDI 面板的功能键中,用于刀具偏置数设置的键是( )。

(A)POS (B)OFSET (C)PRGRM (D)CRT

128. 在 CRT/MDI 面板的功能键中,用于程序编制的键是( )。

(A)POS (B)PRGRM (C)ALARM (D)OFSET

129. 数控程序编制功能中常用的插入键是( )。

(A)INSRT (B)ALTER (C)DELET (D)CRT

130. 磨削细长轴时,尾座顶尖的预紧力应比一般磨削( )。

(A)小很多 (B)大些 (C)小些 (D)相同

131. 磨削细长轴时,转速的选择与相同直径的短工件比较应( ),吃刀深度要小一些。

(A)小一些 (B)大一些 (C)相等 (D)大两倍以上

132. 机械制造中,国家标准中常用的标准圆锥有莫氏圆锥和( )圆锥。

(A)公制 (B)美制 (C)英制 (D)DIN

133. 电感深孔测径仪是一种用( )测量深孔直径尺寸和形状误差的精密电动测微仪。

(A)直接法 (B)比较法 (C)间接法 (D)弦高法

134. 量块具有( )互相平行的工作面,而且工作面之间的长度尺寸非常准确。

(A)两个 (B)三个 (C)四个 (D)六个

135. 用定位器与内径规测量孔距,精度可达( )mm。

(A)0.01 (B)0.04 (C)0.08 (D)0.10

136. 常用的斜孔的角度和坐标位置测量误差比较大,利用( )的五方向测头功能,能精确的测量出斜孔的角度和坐标位置。

(A)三坐标测量仪　　(B)卧式镗床　　　　(C)立式镗床　　　　(D)数控镗床

137. 一般精度要求的平行孔孔距可以在镗床上通过(　　)来加工。

(A)镗模　　　　(B)划线　　　　(C)平旋盘　　　　(D)卡尺测量

138. 位置度可以通过(　　)测量计算得出。

(A)千分尺　　　　(B)游标卡尺　　　　(C)三坐标测量仪　　　　(D)角度尺

139. 属于接触测量表面粗糙度的方法是(　　)。

(A)比较法　　　　(B)干涉法　　　　(C)针描法　　　　(D)光切法

140. 以较高的切削速度切削塑性材料,同时(　　),能有效的提高工件的表面质量。

(A)增加吃刀量　　(B)减少吃刀量　　(C)减少进给量　　(D)增加进给量

141. 测量误差的最要原因是人为因素和(　　)。

(A)设备因素　　　(B)刀具因素　　　(C)量具因素　　　(D)工装因素

142. 悬伸镗孔时,由于镗杆刚度差,常发生(　　)现象,造成孔径尺寸误差。

(A)崩刀　　　　(B)让刀　　　　(C)镗杆变形　　　　(D)镗杆扭曲

143. 尺寸允许的变动量,称为(　　)。

(A)尺寸偏差　　　(B)尺寸公差　　　(C)尺寸误差　　　(D)尺寸差级

144. 通常用浮动镗刀加工(　　)。

(A)大平面　　　　(B)槽和边　　　　(C)内孔　　　　(D)光洁度高的孔

145. SINUMERIK 数控程序中(　　)表示调用子程序 L785,运行 3 次。

(A)N01 P3 L785　(B)N10 L785 P3　(C)M98 P3 L785　(D)M99 L785 P3

146. 将数控指令传输给数控系统的装置,称为(　　)。

(A)输入装置　　　(B)控制装置　　　(C)输出装置　　　(D)传输装置

147. 细长轴一般是指长度与直径的比值大于(　　)以上的轴类零件。

(A)20 倍　　　　(B)25 倍　　　　(C)30 倍　　　　(D)50 倍

148. 乳化剂含量高的乳化液,主要起(　　)作用,适用于精加工。

(A)润滑　　　　(B)冷却　　　　(C)清洗　　　　(D)防锈

149. 镗刀是精密孔加工中不可缺少的重要刀具,其加工孔的表面粗糙度可达到(　　)。

(A)$Ra0.6\sim1.6\ \mu m$　　　　　　　　(B)$Ra0.8\sim1.6\ \mu m$

(C)$Ra0.8\sim1.2\ \mu m$　　　　　　　　(D)$Ra1.0\sim1.6\ \mu m$

150. 镗床通用铣刀中,一般用来加工直角沟槽的是(　　)。

(A)圆柱铣刀　　(B)T 形槽铣刀　　(C)三面刃铣刀　　(D)凹凸圆弧铣刀

151. FANUC 数控系统中,子程序的结束指令是(　　)。

(A)M02　　　　(B)M30　　　　(C)M99　　　　(D)M90

152. SINUMERIK 802D 数控系统主程序的结束指令是(　　)。

(A)M2　　　　(B)M02　　　　(C)M99　　　　(D)RET

153. 下列使机床全部运动停下的指令中,(　　)为无条件停止,不受操作人员控制。

(A)M00　　　　(B)M01　　　　(C)M02　　　　(D)M30

154. 下列使机床全部运动停下的指令中,(　　)为有条件停止,受操作人员控制。

(A)M00　　　　(B)M01　　　　(C)M02　　　　(D)M30

155. 利用光波干涉原理来测量表面粗糙度的方法是(　　)。

(A)比较法 　　　　(B)光切法 　　　　(C)干涉法 　　　　(D)针描法

156. 悬伸镗孔时,工作台往返运动产生偏摆,造成孔系的(　　)。

(A)平行度误差 　　(B)垂直度误差 　　(C)圆度误差 　　(D)平柱度误差

157. 在卧式镗床上加工平行孔系工件,当主轴箱沿立柱向上移动时,主轴(　　)。

(A)向上抬起 　　　(B)向下倾斜 　　　(C)向左平移 　　　(D)向右平移

158. 钢球辅助法测量孔距,根据孔的大小选择适合的两个钢球,并要求两钢球直径相互差在(　　)以内。

(A)$0.2~\mu m$ 　　　(B)$0.5~\mu m$ 　　　(C)$0.8~\mu m$ 　　　(D)$1.0~\mu m$

159. FANUC-OI操作面板中"RESET"为(　　)。

(A)页面键 　　　　(B)编辑键 　　　　(C)功能键 　　　　(D)复位键

160. FANUC-OI操作面板中"PAGE"为(　　)。

(A)页面键 　　　　(B)编辑键 　　　　(C)功能键 　　　　(D)复位键

161. 下列选项中,(　　)不是数控机床常用的输入装置。

(A)操作面板 　　　(B)纸带 　　　　(C)红外传输 　　　(D)U盘输入

162. 切削镁合金时,一般用(　　)。

(A)矿物油 　　　　(B)水溶液 　　　　(C)乳化液 　　　　(D)含氯的切削液

163. X 轴和 Y 轴把坐标平面分成四个象限,左下方为(　　)。

(A)第一象限 　　　(B)第二象限 　　　(C)第三象限 　　　(D)第四象限

164. 数控夹具与普通机床夹具不同,一般不设置(　　)。

(A)对刀及导向装置 (B)夹具体 　　　　(C)夹紧装置 　　　(D)定位元件

165. FANUC系统中(　　)是 YZ 平面选择指令。

(A)G10 　　　　　(B)G17 　　　　　(C)G18 　　　　　(D)G19

三、多项选择题

1. 图 2 所示投影中,不属于正投影的是(　　)。

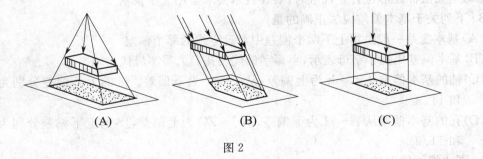

(A) 　　　　　　　(B) 　　　　　　　(C)

图 2

2. 下列说法错误的是(　　)。

(A)从物体的前面向后面投射所得的视图称主视图(正视图)

(B)从物体的上面向下面投射所得的视图称主视图(正视图)

(C)从物体的左面向右面投射所得的视图称主视图(正视图)

(D)三视图就是主视图(正视图)、斜视图、左视图(侧视图)的总称

3. 图 3 中,A 面的局部视图表达错误的是(　　　)。

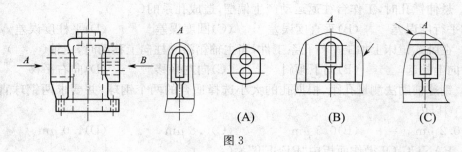

(A)　　　　　(B)　　　　　(C)

图 3

4. 下列属于尺寸的标注形式的是(　　　)。
(A)链状法标注　　　(B)坐标法标注　　　(C)综合法标注　　　(D)自然方正法标注

5. 下列有关装配结构的合理性说法正确的是(　　　)。
(A)两个零件在同一方向上的接触面只能有一个
(B)为了保证零件相邻两接触面的良好接触,相邻接触面的相交处不能接触
(C)为了保证装配的顺利进行圆角、倒角以及退刀槽的必须如实画出
(D)装配结构的合理性,注意制造与装拆方便

6. 下列有关尺寸极限与公差的术语正确的是(　　　)。
(A)实际尺寸是指设计时确定的尺寸
(B)极限尺寸是指允许零件实际尺寸变化的两个极端值
(C)最大极限尺寸是指允许实际尺寸的最大值
(D)最小极限尺寸是指允许实际尺寸的最小值

7. 下列有关形位公差说法正确的是(　　　)。
(A)形状公差是指对实际要素的形状所允许的变动全量
(B)位置公差是指对实际要素的位置所允许的变动全量
(C)形位公差特征项目共有 16 项
(D)当无法标注形位公差代号时,要在技术要求里用文字说明

8. 下列关于基本偏差说法正确的是(　　　)。
(A)基本变差一般是指上下两个偏差中靠近零线的那个偏差
(B)基本偏差用拉丁字母表示,小写字母代表孔．大写字母代表轴
(C)轴的基本偏差从 A～h 为上偏差,从 j～zC 为下偏差。js 的上下偏差分别为＋IT/2 和-IT/2
(D)孔的基本偏差从 A～H 为下偏差,从 J～ZC 为上偏差,JS 的上下偏差分别为＋IT/2 和-IT/2

9. 图 4 螺纹错误的是(　　　)。

10. 下列关于粗糙度说法正确的是(　　　)。
(A)每个表面一般只标注一次
(B)符号的尖端必须从材料外指向被加工表面
(C)符号需带横线时,横线应和所注的轮廓平行或引出标注
(D)对其中使用最多的一种代号,可统一注写在图样右上角,并加其余两字,代号大小为

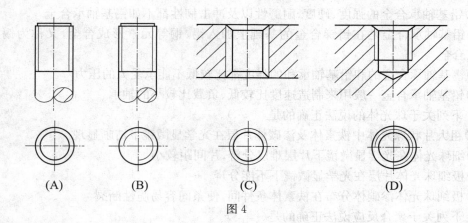

(A)　　　　　　(B)　　　　　　(C)　　　　　　(D)

图4

图形上注写的 2.4 倍

11. 下列有关尺寸极限与公差的术语正确的是(　　　)。

(A)实际尺寸是指设计时确定的尺寸

(B)极限尺寸是指允许零件实际尺寸变化的两个极端值

(C)最大极限尺寸是指允许实际尺寸的最大值

(D)最小极限尺寸是指允许实际尺寸的最小值

12. 下列属于铸铁的是(　　　)。

(A)灰口铸铁　　　　(B)可锻铸铁　　　　(C)球状石墨　　　　(D)蠕墨铸铁

13. 下列属于机械性能的是(　　　)。

(A)弹性模量　　　　(B)冲击模量　　　　(C)切削加工　　　　(D)冲击韧度

14. 下列属于材料的工艺性能的是(　　　)。

(A)铸造性能　　　　(B)切削性能　　　　(C)焊接性能　　　　(D)冲击韧度

15. 下列关于铸铁说法正确的是(　　　)。

(A)灰口铸铁中的碳全部或大部分以片状石墨形式存在其断口成白色

(B)球墨铸铁中石墨全部或大部分成球状分布于集体中

(C)可锻铸铁通过石墨化或氧化脱碳的可锻化处理,石墨呈团絮状

(D)合金铸铁一般是指铸铁内除碳以外还有其他合金元素

16. 下列关于固溶体说法正确的是(　　　)。

(A)溶质原理溶入金属溶剂中所组成的合金相称为固溶体

(B)固溶体可分为间隙固溶体和置换固溶体

(C)固溶体强化是强化合金的基本途径

(D)固溶体的点阵结构仍保持溶剂金属的结构,溶质引起晶格参数的变化

17. 下列淬火方法是用于较大工件的是(　　　)。

(A)单液淬火法　　　(B)双液淬火法　　　(C)分级淬火法　　　(D)等温淬火法

18. 下列金属材料说法正确的是(　　　)。

(A)30CrMnSi 用于飞机重要件　　　　(B)35CrMo 用作重要的调质件

(C)38CrMoAlA 用作重要调质件　　　　(D)40CrMnMo 用作受冲击载荷的高强度件

19. 下列说法的正确的是(　　　)。

(A)铅基轴承合金的强度、硬度、耐磨性以及冲击韧性都不如锡基轴承合金

(B)铅基轴承合金是在铅锑合金的基础上加入锡、铜等元素形成合金,又称为锡基巴氏合金

(C)锡基轴承合金的和铅基轴承和的强度都比较低不能承受大的压力

(D)铅基轴承合金一般用来制造速度比较低、负载比较小的轴承

20.下列关于珠光体的说法正确的是(　　　)。

(A)粗大片状珠光体中铁素体及渗碳体片层在光学显微镜下清晰显现

(B)细珠光体在光学显微镜下片层难以分辨,片间距较小

(C)极细珠光体片层在光学显微镜下不能分辨

(D)极细珠光体渗碳体分布在铁素体条件间,使条间容易脆性断裂

21.下列关于聚合反应说法正确的是(　　　)。

(A)高聚物是由一种或者几种单质聚合而成

(B)加聚反应是由一种或几种单体聚合反应而形成高聚物的反应

(C)缩聚反应在形成高分子化合物的同时还会形成其他低分子物质

(D)高聚物是由特定的结构单元多次重复连接而成的

22.下列关于低合金钢说法正确的是(　　　)。

(A)在低碳钢中加入 Mn 是为了强化组织中的珠光体

(B)在低碳钢中加入 V Ti N(B)不但可以提高强度,还会消除钢的过热倾向

(C)Q235 中加入 1% 的 Mn 后得到 16Mn 钢,而其强度却增加近 50%

(D)在 16Mn 的基础上再多加 0.04%~0.12% 的钒,材料强度将的到进一步的提升

23.下列有关工具钢的说法正确的是(　　　)。

(A)用于制造各种加工工具和测量工具的钢称为工具钢

(B)工具钢的强度指标要求应该被首要考虑

(C)为了保证工具钢的优秀性能,尤其是较好的塑性韧性钢中的杂质应被严格限制

(D)为了提高钢的性能,可在钢种加入少量的 SP 等元素

24.下列关于特殊性能钢说法正确的是(　　　)。

(A)在高温下有较好的抗氧化性并具有一定强度的钢称为抗氧化钢,又叫耐热不起皮钢

(B)在高温下有一定抗氧化能力和较高强度以及良好组织稳定性的钢称为热强钢

(C)要求具有高耐热性的钢称为高强度钢,刚强度钢包括抗高温氧化钢和热强钢

(D)实际应用的抗氧化钢,大多数是在铬钢、铬镍钢、铬锰钢的基础上加入硅、铝制成

25.下列属于属于钢的化学处理的是(　　　)。

(A)渗碳　　　　　　(B)激光表面淬火　　　(C)渗硼　　　　　　　　(D)氮化

26.下列关于塑料的说法正确的是(　　　)。

(A)聚甲醛相对密度小,是塑料中最轻的,密度和结晶度高

(B)聚苯乙烯具有良好的加工性能,其薄膜有优良的点绝缘性,常用于电器零件

(C)聚乙烯产品相对密度小,耐低温、耐蚀、电绝缘性好,密度和结晶度高

(D)聚氯乙烯是由乙烯气体和氯化氢合成氯乙烯再聚合而成的

27.下列关于轴承材料说法正确的是(　　　)。

(A)材料应该有良好的减磨性、耐磨性和抗咬黏性

(B)材料应有良好的摩擦顺应性、嵌入性和磨合性

(C)材料应该有良好的导热性、工艺性、经济性

(D)材料应该有良好的导电性、抗磁性

28. 下列属于机床的动力参数的是（　　）。
(A)进给运动参数　　(B)主传动功率　　(C)进给传动功率　　(D)空行程功率

29. 下列列举的工件表面形状和成型方法正确的是（　　）。
(A)轨迹法　　(B)成形法　　(C)相切法　　(D)非线型旋转成形法

30. 下列关于机械加工零件说法正确的是（　　）。
(A)先主后次原则　　(B)先基面后其他原则
(C)预备热处理留余量原则　　(D)牺牲机械性能换取表面质量原则

31. 下列有关液体压力说法正确的是（　　）。
(A)大部分液体压力使用油是因为油几乎是不可压缩的
(B)油也可以在液压系统中起润滑作用
(C)施压在密闭液体上的压力丝毫不减地向各个方向传递
(D)液压杠杆不能说明帕斯卡定律的内容

32. 下列不属于砂轮结合剂的是（　　）。
(A)陶瓷　　(B)树脂　　(C)橡胶　　(D)聚氯乙烯

33. 下列关于砂轮说法正确的是（　　）。
(A)粒度号越小，砂轮加工表面精度越高
(B)在可能的条件下，砂轮的外径应选的大一些，以提高生产率和降低表面粗糙度
(C)纵磨时，应选用较宽的砂轮
(D)磨销内圆时，砂轮外径一般取孔径的三分之二左右

34. 下列属于砂轮磨料的是（　　）。
(A)刚玉　　(B)聚乙烯　　(C)硬质碳化物　　(D)玻璃粉

35. 下列关于外圆磨床的加工精度说法正确的是（　　）。
(A)外圆磨床主要用于磨削内外圆和圆锥面
(B)外圆磨床不可加工阶梯轴的轴肩和端面
(C)外圆磨可获得 IT6～IT7 的加工精度
(D)外圆磨加工后 Ra 值在 $1.25～0.08\ \mu m$ 之间

36. 下列属于切削用量三要素的是（　　）。
(A)切削速度　　(B)进给量　　(C)背吃刀量　　(D)切削成本

37. 下列属于测量误差的是（　　）。
(A)测量装置误差　　(B)多次测量结果差异
(C)环境误差　　(D)人员误差

38. 下列关于游标卡尺的说法正确的是（　　）。
(A)使用游标卡尺前应先检验
(B)检测小工件时，用左手拿工件，右手拿卡尺
(C)测大工件时，用左手拿尺身量爪
(D)测量深度时，深度尺端头可以不垂直工件

39. 下列关于千分尺说法正确的是(　　)。

(A)千分尺在使用时不需要复验零位

(B)外径千分尺主要用来精确测量圆柱体外径和工件外表面长度

(C)微分筒圆周上分 50 格,刻度值每格为 $0.01~\mu m$

(D)如纵线对准在两格之间,可近似估计到微米值

40. 下列关于百分表的使用说法正确的是(　　)。

(A)测平面时,测杆要和被测面垂直

(B)测圆柱时,测杆的中心不必通过零件的中心

(C)在使用前,需对百分表进行校零处理

(D)百分表转数指针每转动一格为 $1~mm$

41. 下列关于工件完全定位说法错误的是(　　)。

(A)工件的六个自由度全部被夹具中的定位元件所限制,而在夹具中占有完全确定的唯一位置

(B)根据工件加工表面的不同加工要求,定位支承点的数目可以少于六个

(C)按照加工要求应该限制的自由度没有被限制

(D)工件的一个或几个自由度被不同的定位元件重复限制的定位

42. 下列属于数控机床刀具特点的是(　　)。

(A)精度高 　　　(B)可靠性高 　　　(C)换刀迅速 　　　(D)通用性强

43. 下列关于数控机床按加工工艺分类的是的说法正确的是(　　)。

(A)金属切削类指采用车、铣、镗、钻、磨的各种切削工艺的数控机床

(B)金属成形采用挤冲压等成形工艺的数控机床

(C)测绘,绘图类数控机床是指数控对刀仪、数控绘图仪等

(D)火花线切割机,电火花成形机,火焰切割机,机关加工机不属于数控机床

44. 下列属于轮廓控制数控机床的是(　　)。

(A)数控镗床 　　　(B)数控车床 　　　(C)数控铣床 　　　(D)数控磨床

45. 下列关于数控程序 G00 说法不正确的是(　　)。

(A)为平面选择指令 　　　　　　(B)为快速定位指令

(C)自动机床原点返回指令 　　　(D)刀具补偿与偏置指令

46. 下列关于数控机床坐标系说法正确的是(　　)。

(A)数控机床的坐标系已经标准化,按左手直角笛卡尔坐标系确定

(B)机床坐标是机床固有的坐标系,机床坐标系的方位是参考机床上的一些基准确定

(C)机床原点(机械原点)是机床坐标铣的原点,它的位置是在各坐标的正向最大极限处

(D)工作坐标系是编程人员在编程和加工工件是建立的坐标系

47. 下列关于 M 指令的说法正确的是(　　)。

(A)M98 为调用子程序 　　　(B)M30 为程序结构

(C)M06 为主轴停转 　　　　　(D)M03 为主轴正转

48. 开环控制数控机床说法正确的是(　　)。

(A)开环控制系统是指带反馈装置的机构

(B)通常使用进步点击为伺服执行机构

(C)系统通过脉冲等形式控制丝杠运动

(D)移动部分的移动速度与位移量是由输入脉冲的频率和脉冲数所决定的

49.下列属于 G 准备功能规定范畴的是（　　）。

(A)刀具和工件的相对运动轨迹　　　　(B)机床坐标系

(C)刀具补偿　　　　　　　　　　　　(D)主轴旋转方向

50.下列关于数控机床说法正确的是（　　）。

(A)按加工工艺可以将数控机床分为金属切削类,金属成型类,特种加工类,绘图测量类

(B)数控机床主要由控制介质、数控装置、伺服机构和机床四个基础部分

(C)按伺服控制方式分类可分为手动控制和自动控制

(D)按控制系统功能分类可分为点位控制数控机床、点位直线控制数控机床、轮廓控制数控机床

51.数控车床运行,故障诊断与维修说法正确的是（　　）。

(A)突然断电或紧急停车易引起刀位参数的更改

(B)应在数控车床断电的情况下对数控车床的电池进行更换

(C)数控车床润滑泵过滤器应定期清洗

(D)为了减少车床发热应有合适的排屑装置

52.下列不属于划线工具中的基准工具（　　）。

(A)方箱　　　　(B)样冲　　　　(C)千斤顶　　　　(D)游标卡尺

53.下列关于锉刀说法正确的是（　　）。

(A)在长度方向,各种锉刀都带有一定的圆弧和锥度

(B)在进行平面锉削加工时,可以凭感觉自行进行加工

(C)锉削时切忌用油石和砂布

(D)半精加工时,在细锉上涂上粉笔灰,让其容屑空间减少,这样可以使锉刀既保持锋利,又避免容屑槽中的积屑过多而划伤工件表面

54.下列关于钻孔正确的是（　　）。

(A)在车床上钻孔时,容易引起孔径的变化,切孔径的直线度无法保证

(B)钻削时钻头两切削刃径向力不等将引起孔径扩大

(C)钻削切屑较宽,在孔内被迫卷为螺旋状,流出时与孔壁发生摩擦而刮伤已加工表面

(D)在钻床上钻孔时容易引起孔的轴线偏移和不直但孔径无显著变化

55.下列关于螺纹说法正确的是（　　）。

(A)攻螺纹是用丝锥在工件的光孔内加工出内螺纹的方法

(B)套螺纹是用板牙在工件光轴上加工出螺纹的方法

(C)铣螺纹比车螺纹的加工精度低,Ra 值略大,但铣螺纹生产效率高,适用于大批量生产

(D)磨螺纹工艺只适合加工非热处理的螺纹

56.下列加工方法不是靠工件的塑性变形来获得螺纹的是（　　）。

(A)螺纹磨削　　　(B)螺纹滚压　　　(C)螺纹车削　　　(D)螺纹铣销

57.下列属于利用电能和磁能相互转化工作的电子元件是（　　）。

(A)　　　(B)　　　(C)　　　(D)

58. 下列关于万用表的使用说法正确的是( )。

(A)测量电阻时,不要用手触及元件的裸体的两端

(B)万用表测电压和电流是应先用最高挡在选用合适的挡位来测试

(C)测试电压和电流时所选用的挡位越接近被测值测量的数值就越精确

(D)万用表不用时不应旋在电阻挡

59. 下列关于低压熔断器及其工作原理说法正确的是( )。

(A)过载动作的物理过程主要是热熔化过程

(B)短路则主要是电弧的熄灭过程

(C)熔断器的保护特性也就是熔体的熔断特性

(D)所谓按秒特性是指熔体的熔化电流与溶化电压的关系

60. 下列属于可以万用表的测量数据的是( )。

(A)电阻　　　　　(B)电流　　　　　(C)电压　　　　　(D)电场

61. 下列说法正确的是( )。

(A)不锈钢常用的热处理工艺方法有固溶处理、稳定化处理及去应力处理

(B)对奥氏体钢来讲固溶处理的目的是提高钢的耐腐蚀性

(C)对于含 Ti 或 NB 的奥氏体不锈钢,经固溶处理后还要在进行一次稳定化处理以消除
　　晶间腐蚀的倾向

(D)马氏体不锈钢 WCr 大于 20.0%

62. 下列属于主令电器的是( )。

(A)按钮　　　　(B)行程开关　　　　(C)主令控制器　　　(D)刀开关

63. 下列不属于点击式触电对人体造成的伤害是( )。

(A)麻刺　　　　(B)严重心率不齐　　(C)皮肤金属化　　　(D)心跳停止

64. 在低压电器中,不能用于短路保护的电器是( )。

(A)过电流继电器　　(B)熔断器　　　　(C)热继电器　　　(D)时间继电器

65. 下列有关机械安全说法正确的是( )。

(A)链传动与皮带传动中,带轮容易把工具或人的肢体卷入

(B)当链和带断裂时,容易发生接头抓带人体,皮带飞起伤人

(C)传动过程中的摩擦和带速高等原因,也容易使传动带产生静电,产生静电火花,容易
　　引起火灾和爆炸

(D)挤压,许多旋转机械,为了避免擦伤,应带手套操作

66. 下列关于我国环境保护法说法错误的是( )。

(A)该法适用于中华人民共和国领域,但不适用于中华人民共和国管辖的其他海域

(B)国家制定的环境保护规划必须纳入国民经济和社会发展计划,国家采取有利于环境
　　保护的经济、技术政策和措施,使环境保护工作同经济建设和社会发展相协调

(C)国家鼓励环境保护科学教育事业的发展,加强环境保护科学技术的研究和开发,提高
　　保护科学技术水平,普及环境保护的科学知识

(D)一切单位和个人都有保护环境的义务,但无权对污染和破坏环境单位和个人进行检
　　举和控告

67. 关于环境监督管理说法正确的是( )。

(A)国务院环境保护行政主管部门制定国家环境质量标准

(B)凡是向已有地方污染物排放标准的区域排放污染物的,应当执行国家污染物排放标准

(C)国务院和省、自治区、直辖市人民政府的环境保护行政主管部门,应当定期发布环境公报

(D)建设污染环境项目,必须遵守国家有关建设项目环境保护管理的确规定

68. 下列属于 TI190000 族标准和组织卓越模式提出的质量管理系方案共同的特点是( )。

(A)使组织能够识别它的强项和弱项

(B)包含对照通用模式进行评价的规定

(C)组织不断变化的需求

(D)包含外部承认的规定

69. 组织应编制质量手册,质量手册包括( )。

(A)质量管理体系的范围,包括任何删减的细节和正当的理由

(B)每一个职工应该享受的福利待遇

(C)为质量管理体系编制的形成文件的程序或对其引用

(D)质量管理体系过程之间的相互作用的表述

70. 下列属于最高管理者应确保质量的方针项是( )。

(A)与组织的宗旨相适应

(B)质量方针的持续适应性要得到评审

(C)提供制定和评审质量目标的框架

(D)使不合格产品满足预期用途而对其采取的措施

71. 下列特征项目不属于形状公差的是( )。

(A)平面度　　(B)平行度　　(C)圆度　　(D)同轴度

72. 视图主要表达零部件外部结构形状,零部件的视图分为( )。

(A)基本视图　　(B)向视图　　(C)局部视图　　(D)斜视图

73. 国家标准将配合分为( )。

(A)过盈配合　　(B)间隙配合　　(C)过渡配合　　(D)极限配合

74. 在生产过程中直接改变生产对象的( )的过程,统称为工艺过程。

(A)尺寸　　(B)形状　　(C)性能　　(D)相对位置关系

75. 下列属于切削用量三要素的是( )。

(A)切削速度 v_c　　(B)背吃刀量 a_p　　(C)进给量 f　　(D)进给速度 v_p

76. 切削液一般应具备( )等性能。

(A)润滑　　(B)防锈　　(C)冷却　　(D)清洗

77. 镗削加工的特点有( )。

(A)可保证平面、各孔、槽的垂直度、平行度

(B)可在一次装夹下,加工相互垂直、平行的平面

(C)可保证同轴孔的同轴度

(D)可在一次装夹下,加工相互垂直、平行的孔

78. 工件的装夹包括(　　)两个内容。
(A)定位　　　　　(B)测量　　　　　(C)夹紧　　　　　(D)对刀

79. 镗削时减少工件变形的方法(　　)。
(A)减少切削力　　　　　　　　　(B)减少切削热
(C)改善夹紧力对工件的作用　　　　(D)改变夹紧力对工件的作用

80. 为了保证内外圆的同轴度,在外圆磨床上磨削套类零件时通常可以采用(　　)。
(A)台阶式心轴　　(B)小锥度心轴　　(C)胀力心轴　　(D)研磨心轴

81. 组合夹具的基础元件主要包括(　　)等结构形式。
(A)方形基准板　　(B)长方形基础板　　(C)圆形基础板　　(D)基础角铁

82. 数控夹具一般有(　　)等三部分组成。
(A)夹具体　　　　(B)定位元件　　　　(C)导向元件　　　(D)夹紧元件

83. 在 FANUC 数控系统中下列代码属于模态 G 代码的是(　　)。
(A)G01　　　　　(B)G02　　　　　(C)G03　　　　　(D)G04

84. 镗床的刀具种类有(　　)。
(A)铣刀盘　　　　(B)车刀　　　　　(C)浮动镗刀　　　(D)钻头

85. 镗刀的分类有(　　)。
(A)单刃镗刀　　　(B)双刃镗刀　　　(C)微调镗刀　　　(D)浮动镗刀

86. 镗刀常见的形式有(　　)。
(A)螺纹式微调镗刀　　　　　　　(B)偏心式微调镗刀
(C)滑槽式双刃镗刀　　　　　　　(D)浮动镗刀

87. 镗刀使用时的注意事项(　　)。
(A)注意精镗刀头的调整
(B)请勿过分用力(切莫旋转刻度盘超出范围)
(C)用红漆封堵的地方不能拆动,否则会损坏微调装置
(D)定期保养,注润滑油

88. 镗刀微调对刀装置使用方法是(　　)。
(A)粗镗孔后,根据测量所得余量,将调刀装置装在镗刀杆上
(B)微调螺钉
(C)调整后,拧紧镗刀紧固螺钉
(D)将刀片螺钉拧紧

89. 带锯条的刃磨标准及要求有(　　)。
(A)锯片表面不许有黑皮、裂纹、锈蚀,锯齿不得有卷刃崩刃现象
(B)锯料角不变
(C)焊接处无突起
(D)锯身无变形

90. 程序段由(　　)组成。
(A)顺序号　　　　(B)功能字　　　　(C)尺寸字　　　(D)程序段结束符

91. 下列调用 FANUC 数控程序中子程序程序段,正确的是(　　)。
(A)M98 P31110　　(B)M98 P1212　　(C)M99 P1000　　(D)M98 P100

92. 复合固定循环指令包括（　　）。
(A)G71　　　　　(B)G72　　　　　(C)G73　　　　　(D)G74

93. 数控加工编程前要对零件的几何特征如（　　）等轮廓要素进行分析。
(A)平面　　　　　(B)直线　　　　　(C)轴线　　　　　(D)曲线

94. 数控机床日常保养中，（　　）部位需不定期检查。
(A)各防护装置　　(B)废油池　　　　(C)排屑器　　　　(D)冷却油箱

95. 数控镗床开机前，检查机床（　　）是否正常，镗床是否处在正常状态。
(A)电压　　　　　(B)气压　　　　　(C)油压　　　　　(D)工件

96. 常见的滚珠丝杠副消除间歇和预加载荷的方式有（　　）。
(A)双螺母式　　　(B)垫片式　　　　(C)差齿式　　　　(D)调整螺钉式

97. 数控机床故障按有无报警分为（　　）。
(A)无报警故障　　(B)有报警故障　　(C)必然性故障　　(D)偶然性故障

98. 在数控机床上进行首件试加工，下列说法正确的是（　　）。
(A)新开始加工的零件要进行试加工
(B)刀具在接近工件之前，用倍率开关使其停止，看刀具位置是否正确
(C)加工过程中要验证切削用量是否合适
(D)只要程序正确，刀具正确，试加工后可以省去对工件的测量步骤

99. 机床漏油分为（　　）。
(A)渗油　　　　　(B)滴油　　　　　(C)流油　　　　　(D)废油

100. 数控机床中（　　）可用于表示直线运动轴。
(A)X 轴　　　　(B)Y 轴　　　　(C)Z 轴　　　　(D)U 轴

101. 数控机床中（　　）可用于表示旋转运动轴。
(A)A 轴　　　　(B)B 轴　　　　(C)C 轴　　　　(D)D 轴

102. 固定式镗套的优点是（　　）。
(A)不易磨损　　　(B)外形尺寸小　　(C)结构简单　　　(D)精度高

103. 镗刀是精密孔加工中不可缺少的重要刀具，常见的形式有（　　）等。
(A)螺纹式微调镗刀　　　　　　　　(B)偏心式微调镗刀
(C)滑槽式双刃镗刀　　　　　　　　(D)浮动镗刀

104. 世界坐标系在默认情况下，X 轴正向为屏幕（　　），Y 轴正向为（　　），Z 轴正向为垂直屏幕平面指向使用者。
(A)水平向右　　　(B)水平向左　　　(C)垂直向上　　　(D)垂直向下

105. 用户坐标系是为（　　）提供一种可变动的坐标系。
(A)观察　　　　　(B)坐标输入　　　(C)方向　　　　　(D)操作平面

106. "世界坐标系"在学术文献中的解释（　　）。
(A)世界坐标系定义为：带有小圆的圆心为原点 o_w，x_w 轴水平向右，y_w 轴向下，z_w 由右手法则确定，$v'n$ 为实时图中对应的统计特征向量
(B)是系统的绝对坐标系也称为世界坐标系，在没有建立用户坐标系之前画面上所有点的坐标都是以该坐标系的原点来确定各自的位置的
(C)设一个基准坐标系 X_w—Y_w—Z_w 称为世界坐标系，(x_w,y_w,z_w) 为空间点 P 在世界

坐标系下的坐标,(u,v)为 P 点在图像直角坐标系下的坐标

(D)以上都不对

107. 球坐标系是一种三维坐标,分别由(　　)构成。

(A)原点　　　　　(B)方位角　　　　　(C)仰角　　　　　(D)距离

108. 输入装置的输入方法有(　　)。

(A)键盘输入　　　(B)手动输入　　　　(C)直接输入　　　(D)机器人输入

109. 下列对 MDI 功能的适用范围叙述正确的是(　　)。

(A)适用于比较短的程序　　　　　　　(B)适用于比较长的程序

(C)只能使用一次　　　　　　　　　　(D)机床动作后程序即消失

110. 数控系统常见的输入装置有(　　)。

(A)操作面板输入　(B)纸带输入　　　　(C)PC 输入　　　　(D)U 盘输入

111. EDIT 功能的描述正确的是(　　)。

(A)在控制装置编辑状态下　　　　　　(B)用软件输入加工程序

(C)存入控制装置的存储器中　　　　　(D)操作面板输入状态下

112. 检验程序正确性的方法包括(　　)方法。

(A)空运行　　　　(B)图形动态模拟　　(C)自动校正　　　(D)试切削

113. 刀具半径补偿编程中过程分(　　)。

(A)建立过程　　　(B)执行过程　　　　(C)取消过程　　　(D)评价过程

114. 非圆弧曲线轮廓有时需转换成直线或圆弧逼近的曲线才能加工,转换的类型有
(　　)两种。

(A)曲线逼近　　　(B)直线逼近　　　　(C)圆弧逼近　　　(D)渐开线逼近

115. 切削用量三要素是指(　　)。

(A)切削速度　　　(B)进给量　　　　　(C)背吃刀量　　　(D)主轴转速

116. 在轮廓控制中,为了保证一定的精度和编程方便,通常需要有刀具(　　)和(　　)
补偿功能。

(A)半径　　　　　(B)直径　　　　　　(C)长度　　　　　(D)宽度

117. 常用的对刀方法有(　　)。

(A)直切法对刀　　(B)试切法对刀　　　(C)对刀仪对刀　　(D)手动法对刀

118. 刀具补偿功能包括(　　)阶段。

(A)刀补的建立　　(B)刀补的参照　　　(C)刀补的执行　　(D)刀补的取消

119. 刀具长度正补偿是(　　)指令,负补偿是(　　)指令,取消补偿是(　　)指令。

(A)G43　　　　　(B)G44　　　　　　(C)G49　　　　　(D)G42

120. 有三次换刀指令 G30,实现镗不同孔的目的,数控镗床换刀时 Y 轴必须回参考点
(　　)。

(A)N60　　　　　(B)N95　　　　　　(C)N110　　　　　(D)N150

121. 下列(　　)的方法可以注册刀号。

(A)按加工程序任意插入

(B)按顺序从刀座号 01 开始

(C)为特别的刀座及主轴上的刀具安排刀号

(D)只要有空位即可

122. 注册刀号要注意以下( )事项。

(A)重复出现的刀具号不能记录

(B)输入 T00 的刀具号相当于空刀座,则刀座不记录

(C)若刀库的刀座比要记录的刀具号多,不要求记录的刀具号被记录为 T00

(D)若刀库的刀座比要记录的刀具号少,机床将报警

123. 程序输入有以下( )几种形式。

(A)通过操作面板把程序输入机床 (B)用磁盘通过计算机把程序输入机床

(C)用 DNC 方法 (D)通过模拟复映法

124. 请找出下列数控屏幕上菜单词汇的对应英文词汇 SPINDLE( )、EMERGENCY STOP( )、FEED( )、COOLANT( )。

(A)主轴 (B)冷却液 (C)紧停 (D)进给

125. FANUC-OI 操作面板中( )为编辑键。

(A)CAN. INPUT (B)ALTER. INSERT

(C)SYSTEM (D)DELETE

126. FANUC-OI 操作面板( )功能键。

(A)POS (B)OFFSET/SETTING

(C)PRGRM. SYSTEM (D)(A)LTER. INSERT

127. FANUC-OI 操作面板中( )为手动回参考点的键。

(A)ALTER (B)MODE (C)REF. RETURN (D)DELETE

128. 磨削细长轴工件前为了防止或减小变形应增加( )的工序。

(A)校直 (B)防锈 (C)清洗 (D)消除应力

129. 在磨削细长轴时,为了防止工件变形,采取( )措施是合适的。

(A)合理选择与修整砂轮 (B)减少尾座顶尖的顶紧力

(C)注意充分冷却 (D)合理选择磨削用量

130. 在磨削细长轴时,砂轮选择下列说法正确的是( )。

(A)砂轮硬度选较软的 (B)砂轮硬度选较硬的

(C)砂轮粒度选较粗的 (D)砂轮粒度选较细的

131. 常用的内圆锥面磨削方法有( )。

(A)转动头架磨削内圆锥面 (B)转动工作台磨削内圆锥面

(C)转动尾座磨削内圆锥面 (D)转动砂轮架磨削内圆锥面

132. 测量精度较高的外圆、内孔分别可以使用的测量仪器有( )。

(A)内径千分尺 (B)外径千分尺 (C)游标卡尺 (D)卷尺

133. 量块使用时应注意( )。

(A)保持表面干净 (B)可以用手直接取用

(C)应轻拿轻放 (D)用后直接存放

134. 可以用来测量平行孔距的工具有( )。

(A)游标卡尺 (B)三坐标测量仪 (C)高度尺 (D)千分尺

135. 斜孔的角度和坐标位置常用的测量手段有两种:一种是当用工艺基准孔加工时,可

以在( )内插入测量棒进行检验;另一种是当用万能转台加工时,可在( )上进行检验。

(A)工艺孔 (B)已加工孔 (C)坐标镗床 (D)卧式镗床

136. 在镗削平行孔系时,常用的找正方法有( )。

(A)划线找正法 (B)心轴和样块(板)找正法

(C)样板找正法 (D)定心套找正法

137. 位置度的三要素是( )。

(A)基准 (B)位置度公差 (C)理论位置值 (D)参考点

138. 机械加工表面粗糙度比较样块有多种,通常包括( )等机械加工表面粗糙度比较样块。

(A)车 (B)磨 (C)镗 (D)铣

139. 为了提高工件表面质量,选用的刀具应该是( )。

(A)较大刀尖圆弧半径 (B)较小副偏角

(C)较大前角 (D)较小前角

140. 由于人为因素所造成的误差,包括( )。

(A)误读 (B)误算 (C)视差 (D)操作错误

141. 产生孔径误差的因素包括( )。

(A)测量误差 (B)刀具、夹具误差 (C)切削热影响 (D)镗杆刚度影响

142. 断面图分为( )。

(A)局部剖视图 (B)重合断面图 (C)移出断面图 (D)半剖视图

143. 制定切削用量所要考虑的因素有( )。

(A)切削加工生产率 (B)刀具寿命 (C)工件形状 (D)加工表面粗糙度

144. 金属切削液具有( )作用。

(A)洗涤作用 (B)润滑作用 (C)冷却作用 (D)防锈作用

145. 合成切削液的优点有( )。

(A)散热快 (B)清洗性强

(C)极好的工件可见性 (D)经济性

146. 镗削时减少工件变形的方法有( )。

(A)降低切削力 (B)改变装夹方法

(C)工件粗精加工分开 (D)执行工艺规程

147. 夹具由( )等部分组成。

(A)定位装置 (B)夹紧装置 (C)夹具体 (D)辅助装置

148. 下列数控系统代码的含义正确的是( )。

(A)G 准备功能、F 进给功能 (B)S 主轴速度功能、T 刀具功能

(C)M 辅助功能、D 刀具功能 (D)T 进给功能、F 主轴速度功能

149. 一个完整程序段由( )部分组成。

(A)顺序号 (B)功能字 (C)尺寸字 (D)程序段结束符

150. 数控程序编制中的误差包括( )。

(A)尺寸误差 (B)逼近误差 (C)插补误差 (D)圆整误差

151. 数控机床的输出装置包括( )。

(A)数码管显示　　　(B)视频显示器　　　(C)液晶显示器　　　(D)输出接口

152. 误差产生的因素有(　　)等。

(A)量具因素　　　(B)测量因素　　　(C)环境因素　　　(D)人为因素

153. 工艺基准分为(　　)。

(A)工序基准　　　(B)定位基准　　　(C)测量基准　　　(D)装配基准

四、判 断 题

1. 视图上标有"A"字样的是向视图。(　　)

2. 机件向基本投影面投影所得的图形称为基本视图,共有六个基本视图。(　　)

3. 判断图 5 是否正确。(　　)

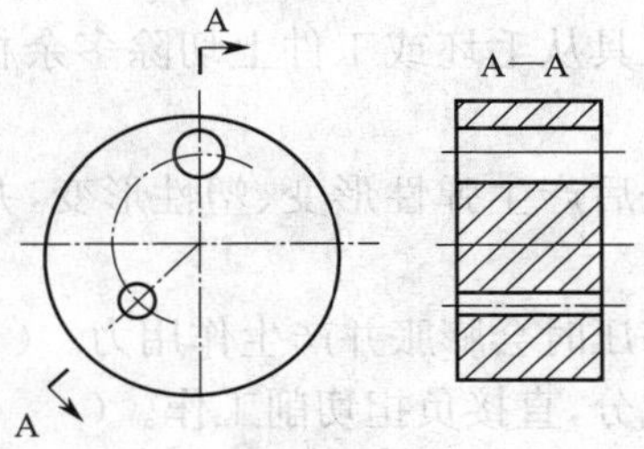

图 5

4. 尺寸线用细实线绘制,必须单独画出,不能用其他图线替代。(　　)

5. 由于螺纹的真实投影很复杂,为化简作图,国家标准制定了螺纹的规定画法。(　　)

6. 极限与配合等参数的标准化,使得同一种拥有互换性。(　　)

7. 形位公差的框格用粗实线画,分为两格或多格。(　　)

8. 用代号 EI 和 ei 分别表示孔和轴的上偏差。(　　)

9. 公差带是表示公差的大小及其对于基本尺寸的零件位置的区域。(　　)

10. 零件表面粗糙度应该根据零件表面的功用恰当的选择。(　　)

11. 表面粗糙度代号应注在可见的轮廓线、尺寸线、尺寸界线或它们的延长线上。(　　)

12. 工具钢包括不锈钢、耐热钢、耐磨钢、磁钢。(　　)

13. 碳素结构钢 Q235-AF 屈服点为 235 MPa,一般以型材供应的工程结构件、制造不太重要的机械零件及焊接件。(　　)

14. 金属材料的工艺性能包括强度、硬度、塑性、弹性模量、冲击韧度、疲劳强度。(　　)

15. 中锰球墨铸铁,具有一定的强度和韧性,耐磨料磨损。(　　)

16. 过共析钢最终组织为珠光体和二次网状渗碳体。(　　)

17. 近年来研究出来的 Mg-Li 合金,其密度为 $1.3 \sim 1.65$ g/cm^3 有超合金之称。(　　)

18. 当钢的碳质量分数 WC$\leqslant$0.03% 及 $\leqslant$0.08% 时,钢号前应分别冠以 00 及 0 表示。(　　)

19. 防锈铝合金为了提高材料的硬度,采用时效强化处理。(　　)

20. 热处理通常分为退火、正火、淬火、回火、表面淬火、化学热处理等几种主要方法。(　　)

21. 聚甲醛即尼龙或锦纶,力学性能较好。(　　　)

22. 结构钢用于制造工程结构及制造各种机器零件。(　　　)

23. 合金工具钢的编号原则大体同合金结构钢,所不同的只是碳含量的表示方法。(　　　)

24. 耐热铸铁在铸铁中加入 Si、Al、Cr 等元素,使铸铁在高温下表面形成一层致密的氧化膜,保护内层不被继续氧化。(　　　)

25. 钢的热处理是指将钢在固态下施以不同的加热、保温、冷却,以求获得所需性能的一种工艺。(　　　)

26. 橡胶是以生胶为原料,加入多种配合剂及骨架材料而组成的高分子弹性体。(　　　)

27. 带传动是一种扭矩传动运动。(　　　)

28. 机床的种类虽然多,但基本的有四种,即车床、铣床、磨床、钻床。(　　　)

29. 切削加工是利用切削工具从毛坯或工件上切除多余材料,以获得合格零件的加工过程。(　　　)

30. 金属切削过程中金属先后产生弹性形变、塑性形变,并使金属晶格产生滑移,而后断裂。(　　　)

31. 流体(气体或液体)受挤压时会膨胀并产生作用力。(　　　)

32. 结合剂是砂轮的主要成分,直接负担切削工作。(　　　)

33. 常见砂轮按磨料可分为刚玉类、碳化硅、高硬类。(　　　)

34. 耐热性是指刀具材料在高温条件下仍能保持其切削性能的能力。(　　　)

35. 新的金属不断投入切削的运动,保证切削工作连续或反复进行,从而切除切削层形成的加工表面。(　　　)

36. 切削用量三要素是指切削速度、进给速度及刀具角度。(　　　)

37. 动态测量测量过程中,被测零件与敏感元件处于相对运动状态。(　　　)

38. 测外尺寸时,需将两量爪上下串动,通过摆动尺身,以确定量爪的最小开度。(　　　)

39. 固定套管可读得毫米整数和半毫米数。(　　　)

40. 表长指针每转一格为 0.001 mm,转数指针每转动一格为 1 mm。(　　　)

41. 当工件用几个表面作为定位基准时,若工件尺寸较小,切削力不大,则往往只要垂直朝向主要定位面有夹紧力,保证主要定位面与定位元件有较大的接触面积,就可以使工件装夹稳定可靠。(　　　)

42. 刀具材料切削性能的优劣直接影响切削加工的生产率和加工表面的质量。(　　　)

43. 一般数控机床主要由控制介质、数控装置、伺服机构三个基本部分组成。(　　　)

44. 数控机床是去除了传统机床的一些特性,不利于生产管理。(　　　)

45. G 准备功能用来规定工件的相对运动轨迹,机床坐标系、插补坐标平面、刀具补偿、坐标偏置等各种加工操作。(　　　)

46. M 指令是用来控制机床各种辅助动作及开关的状态。(　　　)

47. G96 是接通恒线速度控制的指令,系统执行 G96 指令后,便认为用 S 指定的数值表示切削速度。(　　　)

48. 刀具补偿号或补偿量地址符常用存放刀具长度及半径等刀具补偿量数据的寄存器代号。(　　　)

49. 准备功能代码地址符用于设定加工进给率值常用 F 后面的数据直接指定进给率。（　　）

50. 使用地址符的可变程序段格式中代表尺寸数据的尺寸字可只写有效数字，不必每个字都写满固定位数。（　　）

51. G 代码分为模态代码和非模态代码两类。（　　）

52. 划线时可根据实际情况不必拘束于图纸。（　　）

53. 在锉削操作中，向前推时用力，往后时轻抬拉回，避免锉刀刀刃后角磨损和划伤已加工面，提高锉刀寿命。（　　）

54. 在圆柱或圆锥表面上，沿着螺旋线所形成的具有规定牙型的连续的凸起叫作螺纹。（　　）

55. 螺纹的的螺距、牙形半角和大径对螺纹的配合精度影响最大，称为螺纹三要素。（　　）

56. 螺纹切削一般指用成形刀具或磨具在工件上加工螺纹的方法。（　　）

57. ▷|├ 为变压二极管的电子符号。（　　）

58. 刀开关是一种手动电器，常用的刀开关有 HD 型单投刀开关、HS 型双投刀开关、HR 型熔断器式刀开关、HZ 型组合开关、HK 型闸刀开关、HY 型倒顺开关等。（　　）

59. RM10 系列熔断器：熔体用锌片制成，宽窄不同，当大电流通过时，宽处温度上升较快，首先达到熔点熔断。（　　）

60. 万用表在不用时要调到电阻表的最大挡位。（　　）

61. 电机的运行状态易与检测，并可将检测信号输入反馈系统，利于实现生产过程的自动控制和集中管理。（　　）

62. 两个接触器的电压线圈可以串联在一起使用。（　　）

63. 引起心室发生心室纤维性颤动的最小电流 $I = 50$ mA。（　　）

64. 施工现场应设宣传栏、报刊栏，悬挂安全标语和安全警示标志牌，加强安全文明施工宣传。（　　）

65. 设备的操作岗位在 4 m 以上时，应配置安全可靠的操作平台、梯子和栏杆。（　　）

66. 县级以上地方人民政府环境保护行政主管部门，对本辖区的环境保护工作实施统一管理。（　　）

67. 国务院环境保护行政主管部门制定国家环境质量标准。（　　）

68. 为使组织有效运行，必须识别和管理许多相互关联和相互作用的过程。（　　）

69. 质量的目标是在质量方面所追求的目的(ISO 9000 3.2.5)。（　　）

70. 领导者要为员工提供所需的资源和培训，并赋予其职责范围内的自主权。（　　）

71. 圆度公差带是在同一正截面上半径差为公差值 t 的两同心圆之间的区域。（　　）

72. 采用第三视图绘制的图纸，右视图在主视图的左边。（　　）

73. 从装配图中配合尺寸 $\phi 20 H7/g6$ 中可得知轴的公差带为 H7。（　　）

74. 工件在一个工序中只能安装一次。（　　）

75. 在切削加工中主运动通常有两个。（　　）

76. 镗削实践证明，镗削速度 V 对刀具的使用寿命影响最大。（　　）

77. 润滑油的温度与黏度的大小有关。（　　）

78. 一般精加工,使用切削液的目的是以冷却为主,即主要是提高刀具的切削能力和耐用度。(　　)

79. 通常划线精度要求在 0.25～0.5 mm。(　　)

80. 在箱体零件上,加工面有底面、端面和轴孔。(　　)

81. 在单件,小批生产箱体零件时,通常选择孔和与孔相距较远的一个轴孔作为粗基准。(　　)

82. 粗加工的质量好坏将不直接影响半精加工和精加工的加工质量。(　　)

83. 镗削加工只能镗削单孔和孔系。(　　)

84. 工件在定位时,不允许出现过定位。(　　)

85. 箱体零件的找正有直接找正和间接找正两种方法。(　　)

86. 镗削工件的夹紧力作用点应尽量远离工件的加工部位。(　　)

87. 为了提高精镗斜孔的加工质量,在半精镗加工结束后。最好将压板松一下,再用较小的力对工件进行夹紧,然后就可以进行精镗加工。(　　)

88. 夹紧力的三个基本要素是方向、大小、作用点。(　　)

89. 在小批小量或产品试制生产中,最适宜选用组合夹具进行装夹。(　　)

90. 利用定位元件定位,工件的定位面必须是已加工表面。(　　)

91. 固定循环指令分为单一固定循环和复合固定循环。(　　)

92. 硬质合金刀具硬度高、耐磨性好、耐冲击、刃口比高速钢刀锋利。(　　)

93. 按镗刀的主切削刃来分,镗削加工可分为单刃镗刀和双刃镗刀两种。(　　)

94. 与工件已加工表面相对并相互作用的表面称为后刀面。(　　)

95. 后角过大会削弱刀刃强度,减小导热体积。(　　)

96. 刀具材料的高温硬度与耐磨性越好越不易磨损。(　　)

97. 螺纹镗刀的左右切削刃必须平直,无崩刀。(　　)

98. 用浮动镗刀镗出的孔的大小同孔块预调尺寸一致。(　　)

99. 不同的数控机床可能选用不同的数控系统,但数控加工程序指令都是相同的。(　　)

100. 程序段的顺序号,根据数控系统的不同,在某些系统中可以省略的。(　　)

101. 一个主程序中只能有一个子程序。(　　)

102. 圆弧插补中,对于整圆,其起点和终点相重合,用 R 编程无法定义,所以只能用圆心坐标编程。(　　)

103. 采用滚珠丝杠作为 X 轴和 Z 轴传动的数控磨床机械间隙一般可忽略不计。(　　)

104. 调速阀是一个节流阀和一个减压阀串联而成的组合阀。(　　)

105. 利用数控机床加工新零件,加工程序编好后,可以直接进行加工。(　　)

106. 保证数控机床各运动部件间的良好润滑就能提高机床寿命。(　　)

107. 编制数控加工程序时一般以机床坐标系作为编程的坐标系。(　　)

108. 机床参考点是数控机床上固有的机械原点,该点到机床坐标原点在进给坐标轴方向上的距离可在机床出厂时设定。(　　)

109. 数控机床的机床坐标原点和机床参考点是重合的。(　　)

110. 机床原点是指在机床上设置的一个固定原点,即机床坐标系的原点。(　　)

111. 数控机床编程有绝对值和增量值编程,使用时不能将它们放在同一程序段中。( )

112. 子程序的编写方式必须是增量方式。( )

113. 若整个程序都用相对坐标编程,则启动时,刀架不必位于机床参考点。( )

114. 在数控程序中绝对坐标与增量坐标可单独使用,也可交叉使用。( )

115. RS232 主要作用是用于程序的自动输入。( )

116. 输入装置的输入方法只有手动输入。( )

117. MDI 功能允许手动输入几个命令或几段程序的指令,并即时启动运行。( )

118. 在数控编程指令中,不一定只有采用 G91 方式才能实现增量方式编程。( )

119. 数控机床的输入装置其作用是将程序载体(信息载体)上的数控代码传递并存入数控系统内。( )

120. 顺时针圆弧插补(G02)和逆时针圆弧插补(G03)的判别方向是:沿着不在圆弧平面内的坐标轴负方向向正方向看去,顺时针方向为 G02,逆时针方向为 G03。( )

121. 数控机床配备的固定循环功能主要用于孔加工。( )

122. 刀具长度正补偿指令是 G43,负补偿指令是 G44,取消补偿指令是 G49。( )

123. 一个主程序中可以有多个子程序。( )

124. 数控机床的位移检测装置主要有直线型和旋转型。( )

125. 刀具刃倾角的功用是控制切屑的流动方向。( )

126. 刀位点是工件上的某点。( )

127. 所有数控机床自动加工时,必须用 M06 指令才能实现换刀动作。( )

128. 当数控机床失去对机床参考点的记忆时,必须进行返回参考点的操作。( )

129. 因为试切法的加工精度较高,所以主要用于大批、大量生产。( )

130. 回归机械原点的操作,只有手动操作方式。( )

131. 当数控加工程序编制完成后即可进行正式加工。( )

132. 按数控系统操作面板上的 RESET 键后就能消除报警信息。( )

133. 在 CRT/MDI 面板的功能键中,用于报警显示的键是 PARAM。( )

134. 数控程序编制功能中常用的插入键是 INSRT。( )

135. 系统操作面版上单程序段的功能为每按一次循环起动键,执行一个程序。( )

136. 细长轴磨好后或未磨好因故中断磨削时,也要卸下吊挂存放。( )

137. 磨削细长轴时,工件容易出现让刀和振动现象。( )

138. 磨削细长轴时,尾座顶尖的预紧力应比一般磨削大些。( )

139. 磨削内锥面只能在内圆磨床上进行。( )

140. 气动量仪可以测量零件的内孔直径、外圆直径、锥度、圆度、同轴度、垂直度、平面度以及槽宽等。( )

141. 量块是一种结构简单、准确度高、使用方便的量具。( )

142. 同一平面的平行孔系中孔距可以用千分尺和游标卡尺直接测量。( )

143. 用工艺孔对斜孔的角度进行检验是一种直接的检验方法。( )

144. 中心孔距的加工误差可以通过粗加工时留加工余量,精加工修正来降低。( )

145. 珩磨能修正孔轴线的位置度误差。( )

146. 针描法又称感触法,测量表面粗糙度 Ra 值的范围是 0.01~10 μm。（　　）

147. 通过磨削可以大大改善表面粗糙度。（　　）

148. 加工误差完全是加工过程中设备精度不够造成的。（　　）

149. 加工精度与加工误差是以不同观点评价零件的几何参数准确程度,加工误差大,加工精度高;加工误差小,加工精度低。（　　）

150. 由于乳化液的润滑性欠佳,会引起机床活动部件的黏着和磨损,零件的重叠面产生锈蚀。（　　）

151. 钻头刃磨后,其切削刃的端面摆动≤0.08 mm,允许角度偏差±2°。（　　）

152. 铣刀(硬质合金)刃磨时,其刃口径向跳动公差 0~0.05 mm。（　　）

153. 在小批量生产中,最适宜选用专用夹具。（　　）

154. 数控机床上的坐标系采用右手直角笛卡尔坐标系。（　　）

155. 机床坐标系的原点虽在机床制造时就已经确定,但可以随工件加工要求来改变。（　　）

156. 绝对坐标编程是编程的坐标值按增量值的方式给定的编程方法。（　　）

157. 刀具半径补偿是在刀具移动轨迹的垂直方向进行补偿。（　　）

158. 刀具寿命表示一把新刀用到报废之前总的切削时间,其中包括多次重磨。（　　）

159. 贵重精密的机床不能用含硫等活性物质的切削液,以免腐蚀机床。（　　）

160. 设计时,在零件图上标注尺寸作为依据的那些点、线、面叫工艺基准。（　　）

161. 外形尺寸小、结构简单、精度高,适合于高速镗孔。（　　）

162. 定位精度是指数控机床移动部件或工作台实际运动位置和指令位置的一致程度。（　　）

163. 进给伺服系统是数控系统的主系统之一。（　　）

164. 加工方向的确定是以增大刀具与工件距离的方向确定为各坐标轴的正方向。（　　）

165. 平面直角坐标系中 Y 轴,取向右为正方向。（　　）

166. 坐标平面中,各象限以数轴为界,横轴纵轴上的点及原点不属于任何象限。（　　）

167. 在各个视图中,同一个零件的剖面线的方向和间隔必须一致。（　　）

168. 使用贵重精密机床进行加工时,可选用含硫等活性物质的切削液。（　　）

169. 在直角坐标上任意的两点,如果两点的横坐标相同,则两点的连线平行于纵轴。（　　）

170. 现代数控加工中有许多自动程序软件可以进行反读,即通过 G 代码直接在屏幕上画出刀具轨迹路线。（　　）

五、简 答 题

1. 试举一例说明什么是金属加工中的主运动。

2. 镗削时减少切削力的方法。

3. 在加工工件前应作哪些工艺准备?

4. 简述镗床夹具的主要结构和种类。

5. 简述镗床的刀具种类及用途。

6. 简述单刃镗刀的特点。

7. 分别说明单一固定循环指令中 G90、G92、G94 的含义。

8. 分别说明复合固定循环指令中 G70、G71、G72 的含义。

9. 分别说明数控系统中 M03、M04、M05、M06 指令的含义。

10. 分别说明 G02、G03、G41、G42 指令的含义。

11. 简述采用滚珠丝杠副进行传动的优点。

12. 什么是数控机床坐标系？

13. 什么是机床坐标系？

14. 说明 G90、G91 指令的含义。

15. 什么叫做点 C 的坐标？

16. 什么是数控系统的输入装置？

17. 什么是 MDI 功能？说明其适用范围。

18. 简述数控机床加工直接输入方式。

19. 非圆弧曲线轮廓转换的类型有几种？

20. 解释任选停止。

21. 解释 G、M 代码。

22. 简述 G00 与 G01 程序段的主要区别。

23. 说明 FANUC 系统中下列代码的含义：G04、G28、G32、G50、G71、G98。

24. 简述刀具半径补偿的意义及编程过程。

25. 什么是对刀点？如何选择对刀点位置？

26. 一般考机程序中应包括哪些内容？

27. 如何启动数控机床(FANUC-OMD)数控系统)？

28. 如何关闭数控机床(FANUC-OMD)数控系统)？

29. 在大批量的生产中，如何检测工件的外圆尺寸？

30. 量块的作用是什么？

31. 怎样用游标卡尺测量两孔的中心距？

32. 简述镗削平行孔系时，产生平行度误差的原因是什么？

33. 根据加工方法的不同，表面粗糙度比较样块可分哪几类？

34. 简述表面粗糙度比较样块的使用方法。

35. 简述切削加工表面粗糙度的控制措施。

36. 镗床产生坐标尺寸误差的主要因素是什么？

37. 简述镗杆引起的孔径误差及解决方法。

38. 说明 $\phi 50H8$ 的含义。

39. 简述工艺规程的设计原则。

40. 在用镗刀镗孔时，为什么切削深度和进给量不宜过小？

41. 为什么说增加切削速度会严重影响镗刀的寿命？

42. 乳化液是由什么液体配制而成的，它的浓度对加工有何影响？

43. 简述夹具夹紧力作用点的确定原则。

44. 简述工件的六点定位规则。

45. 为什么说提高刚性、防止变形是薄壁工件装夹的重要问题？

46. 什么叫自动定心夹紧机构，为何这类装置能自动定心？

47. 简述气动夹紧装置和液压夹紧装置的优缺点。

48. 什么是组合夹具？

49. 组合夹具有哪些特点？

50. 说明复合固定循环指令中 G73、G74、G75、G76 的含义。

51. 数控机床夹具与普通机床夹具有哪些相同点和不同点？

52. 在镗削中硬质合金镗刀与高速钢镗刀相比有哪些优点？

53. 前角有何作用？加工韧性材料时，应如何选择前角？

54. 在镗床上加工螺纹时，螺纹镗刀应如何安装？

55. 一个完整的数控程序有哪几部分组成？

56. 每月对镗床都应该进行哪些保养？

57. 编程中采用固定循环的好处。

58. 简述数控系统中主程序和子程序运行关系。

59. 数控程序编程对几何图形数学处理时什么是交点？

60. 确定数控镗床故障产生原因的方法。

61. 什么叫设备的可靠性？

62. 进给伺服系统的技术要求有哪些？

63. 设备润滑五定是什么？

64. 什么是数控机床坐标系？

65. G90　X20.0　Y15.0 与 G91　X20.0　Y15.0 有什么区别？

66. 简述输出装置的作用及输出方式。

67. 解释 FANUC 系统中 G17、G18、G19 指令的含义。

68. 说明 M02 指令和 M30 指令的相同点与不同点。

69. 简述数控机床对刀具的要求。

70. 确定走刀路线的原则。

71. 刀具补偿有何作用？

72. 怎样进行程序的循环启动？

73. 数控机床操作面板都有哪些内容？

六、综 合 题

1. 试述镗刀的安装步骤。

2. 试述镗床的日常维护保养。

3. 什么是 EDIT 功能？

4. 试述如何进行工作台的手动调整。

5. 试述如何进行数控机床的工件加工操作。

6. 有一圆锥大头直径 $D=65$ mm，小头直径 $D=60$ mm，椎体长度 $L=50$ mm。求：圆锥体的锥度 K 和斜角 α。

7. 如图 6 示，加工斜孔 $\phi6H7$，从图样上知：$X_1=-60$mm，$Y_1=134+23=157$ mm，转台

倾斜角 $\alpha = 50°$，进行坐标换算，求：X_2 和 Y_2 坐标。

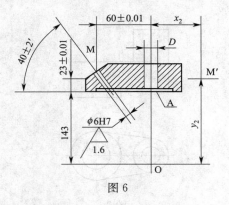

图 6

8. 如图 7 所示，计算在直孔轴线上的工艺孔至斜孔轴线的距离 L。

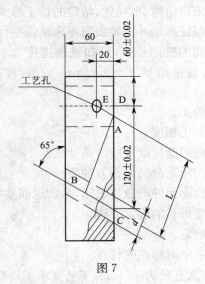

图 7

9. 联系实际谈谈被镗孔产生圆度误差的原因。

10. 位置度公差基本原则。

11. 补全图 8 中遗漏的线条。

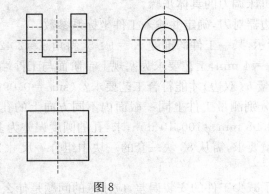

图 8

12. 如图 9 所示,将其主视图改为剖视图画在右边。

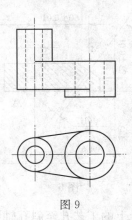

图 9

13. 箱体加工中为什么要采用粗镗、半精镗、精镗的加工形式?

14. 深孔工件加工应如何保证两端外圆轴线与镗床轴线平行?

15. 利用镗床主轴进行平面的铣削加工,已知铣削速度 $v=6.23$ m/min,铣刀直径 $D=\phi40$ mm,铣刀刀齿数 $z=5$,每转进给量 $f=0.4$ mm/r,求:每齿进给量和分钟进给量各为多少?

16. 试述镗床夹具镗套的种类。

17. 如何保证薄壁工件的加工精度。

18. 成形铣刀(硬质合金)的刃磨标准及要求是什么?

19. 试述镗床通用铣刀中按用途分类的铣刀种类。

20. 对系统采用现对位置检测元件的数控机床,手动返回参考点操作时,应注意什么?

21. 试述右手笛卡尔直角坐标系的确定方法。

22. 试说明坐标轴方向的确定。

23. 简述在平面直角坐标系中对称点的特点。

24. 某外圆磨床,工件磨削面直径为 40 mm,工艺要求工件磨削面线速度为 30 m/min,问数控编程时工件转速应设定为多少?

25. 数控机床的 X、Y、Z 坐标轴与运动方向如何确定?

26. 怎样进行程序单的检验?

27. 简述数控机床调刀的具体步骤。

28. 如何用寻边器对刀,确定并输入工件坐标系参数。

29. 如图 10 所示,某一工件的锥度 $K=1:5$,斜角 $\alpha=2°42'38''$,现在测得塞规上台阶面与工件端面距离 $L_1=4$ mm,工艺要求为塞规上台阶面与工件端面距离为 $L_2=2$ mm,计算工件需要磨去多少余量 h(双边)才能符合工艺要求?($\sin\alpha=0.0995$)

30. 用千分尺分别测量工件上同一截面内不同方向上的孔径尺寸分别为 $\phi100.05$ mm、$\phi100.06$ mm、$\phi100.08$ mm、$\phi100.10$ mm,求:孔的圆度误差为多少?

31. 为满足测量要求,需从 83 块一套的一块中组合一尺寸为 88.545 mm,试选择量块的数量及尺寸数值。

32. 镗削时为了减少工件的安装误差,应注意的问题是什么?

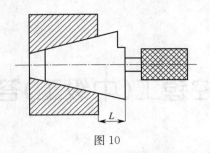

图 10

33. 如图 11 所示,计算在斜孔轴线上的工艺孔至基准面的距离 L。

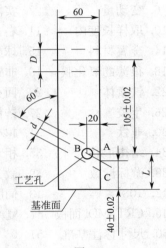

图 11

34. 平行孔系有哪些主要技术要求?镗削时常采用哪些方法保证平行孔系的位置精度?

35. 镗削同轴孔系时,产生同轴度误差的原因是什么?

数控镗工(中级工)答案

一、填 空 题

1. 垂直	2. 三视图	3. 某一部分	4. 工艺基准
5. 组成、装配	6. 变动量	7. 实际形状	8. 叠加法
9. 装配图	10. 取样长度内	11. 右上角	12. 非铁金属
13. 金属材料	14. 金属材料	15. 球墨铸铁	16. 组织结构
17. 数字+元素+数字	18. 很薄的氧化膜	19. 非铁材料	20. 过冷度
21. 复合材料	22. 铁素体	23. 回火稳定性	24. 抗氧化能力
25. 未淬火	26. 生胶	27. 链传动	28. 刀具移动
29. 表面质量	30. 非铁	31. 越小	32. 疏松多孔体
33. 磨粒、粒度、硬度	34. 结构形状	35. 相对运动	36. 切削用量
37. 万能量具	38. 游标读数	39. 微分筒读数	40. 测量杆移动
41. 定位基准面	42. 108°	43. 伺服机构	44. 机床移动部件
45. 辅助功能	46. CRT/MDI 面板	47. 复杂曲面	48. 进给率地址符
49. 加工	50. 尺寸标注基准	51. 0	52. 基准工具
53. 推锉	54. 表面粗糙度	55. 切削加工	56. 30°
57. 滑动变阻器	58. 定位特征代号	59. 安秒特性	60. 电阻
61. 旋转电机	62. 窄缝灭弧室	63. 电流	64. 0.5
65. 机械设备本身的缺陷	66. 持续发展	67. 环境科学	68. 创造价值
69. 决策对象	70. 整体性、关联性、有序性	71. $\sqrt{0.8}$	
72. 基准	73. 内部	74. 配合尺寸	75. 之前
76. 切削深度	77. 冷却作用	78. 最大	79. 切削力
80. 六点定位	81. 夹紧	82. 生产周期	83. 加工部位
84. 前角	85. 前	86. 前	87. 高于
88. 磨钝标准	89. 刀库	90. F	91. 子程序
92. 循环起点	93. M98	94. 保养	95. 基点
96. 安全操作规程	97. 直流、交流	98. 异常噪音	99. 预热运行
100. 润滑油	101. 机床原点	102. 右手直角笛卡儿坐标系	
103. 右手螺旋法则	104. G18	105. 绝对编程	106. G91
107. X 轴	108. 直角坐标系	109. 自动输入	110. 数控装置
111. 手动输入	112. MDI 功能	113. 手动输入	114. 介质
115. 基点、节点	116. 子程序	117. 正转	118. 起点

119. 加工   120. 机床参考点   121. 刀具补偿   122. 爬行
123. MDI   124. DELET   125. PRGRM   126. PAGA
127. 变形   128. 让刀   129. 吊挂   130. 定心
131. 一致   132. 游标卡尺   133. 两   134. 工装夹具因素
135. 理论位置值   136. 针锚法   137. 表面粗糙度   138. 理想零件
139. 吃刀深度   140. 尺寸精度   141. 重复限制   142. 合理工艺过程
143. M98 P31010   144. 插补误差   145. 滚珠丝杠螺母副
146. 防止生锈   147. 右手螺旋   148. 使用前未经校正
149. 工艺基准   150. 粗精分开   151. 定心和夹紧   152. 重复定位精度
153. CNC 装置   154. 操作键盘   155. 向右方向   156. 手动返回参考
157. 考机程序   158. 常温   159. 局部放大图   160. 两同轴圆柱面
161. 自动消除   162. 人的感官   163. Z 坐标轴   164. 程序的起点
165. 数控代码

二、单项选择题

1. B	2. B	3. A	4. D	5. B	6. D	7. D	8. C	9. D
10. A	11. D	12. A	13. B	14. C	15. C	16. C	17. D	18. C
19. D	20. B	21. C	22. A	23. C	24. D	25. B	26. D	27. D
28. A	29. D	30. B	31. D	32. C	33. A	34. C	35. B	36. A
37. D	38. C	39. A	40. B	41. D	42. A	43. A	44. C	45. A
46. A	47. B	48. D	49. B	50. B	51. A	52. C	53. B	54. B
55. C	56. C	57. A	58. C	59. B	60. C	61. B	62. D	63. A
64. B	65. A	66. C	67. C	68. D	69. B	70. A	71. C	72. D
73. C	74. B	75. A	76. A	77. A	78. A	79. C	80. A	81. C
82. B	83. D	84. A	85. B	86. C	87. D	88. C	89. C	90. B
91. B	92. A	93. D	94. B	95. D	96. C	97. A	98. C	99. C
100. C	101. A	102. B	103. A	104. C	105. A	106. C	107. C	108. B
109. C	110. D	111. D	112. A	113. B	114. A	115. B	116. A	117. C
118. D	119. B	120. A	121. B	122. B	123. D	124. A	125. D	126. C
127. B	128. B	129. A	130. C	131. A	132. A	133. B	134. A	135. B
136. A	137. A	138. C	139. C	140. C	141. C	142. B	143. B	144. D
145. B	146. A	147. C	148. C	149. B	150. A	151. C	152. A	153. A
154. B	155. C	156. A	157. B	158. B	159. D	160. A	161. C	162. A
163. C	164. A	165. D						

三、多项选择题

1. AB	2. ABC	3. AC	4. ABC	5. ABD	6. BCD
7. ABD	8. ACD	9. ACD	10. ABC	11. BCD	12. ABD
13. ABD	14. ABC	15. BCD	16. ABCD	17. ABD	18. ABC

19. ACD	20. ABC	21. BCD	22. BCD	23. ABC	24. ABD
25. ACD	26. BD	27. ABC	28. BCD	29. ABC	30. ABC
31. ABC	32. ABC	33. BCD	34. ACD	35. ACD	36. ABC
37. ACD	38. ABC	39. BCD	40. ACD	41. BCD	42. ABC
43. ABC	44. BCD	45. ACD	46. BCD	47. ABD	48. BCD
49. ABC	50. ABD	51. ACD	52. BCD	53. ACD	54. BCD
55. ABC	56. ACD	57. BCD	58. ABC	59. ABC	60. ABD
61. AC	62. ABC	63. ABD	64. ACD	65. ABC	66. AD
67. ACD	68. ABD	69. ACD	70. ABC	71. BD	72. ABCD
73. ABC	74. ABCD	75. ABC	76. ABCD	77. ABCD	78. AC
79. ABCD	80. ABC	81. ABCD	82. ABD	83. ABC	84. ABCD
85. ACD	86. ABCD	87. ABCD	88. ABC	89. ABCD	90. ABC
91. ABCD	92. ABCD	93. AB	94. ABD	95. BCD	96. ABC
97. ABC	98. AB	99. ABC	100. ABCD	101. ABCD	102. BCD
103. ABCD	104. AC	105. AD	106. ABC	107. ABCD	108. BC
109. ACD	110. ABCD	111. ABC	112. ABD	113. ABC	114. BC
115. ABC	116. AC	117. BC	118. ACD	119. ABC	120. ACD
121. BC	122. ABCD	123. ABC	124. ACDB	125. ABD	126. ABC
127. BC	128. AD	129. ABCD	130. AC	131. ABD	132. AB
133. AC	134. ABC	135. AC	136. ABCD	137. ABC	138. ABCD
139. ABC	140. ABCD	141. ABCD	142. BC	143. ABD	144. ABCD
145. ABCD	146. ABC	147. ABCD	148. AB	149. ABCD	150. BCD
151. ABCD	152. ABCD	153. ABCD			

四、判 断 题

1. √	2. √	3. ×	4. √	5. √	6. √	7. ×	8. ×	9. √
10. √	11. √	12. ×	13. √	14. ×	15. √	16. √	17. √	18. √
19. ×	20. ×	21. ×	22. √	23. √	24. √	25. √	26. √	27. ×
28. ×	29. √	30. √	31. √	32. ×	33. √	34. √	35. √	36. ×
37. √	38. √	39. √	40. √	41. √	42. √	43. ×	44. √	45. √
46. √	47. √	48. √	49. ×	50. √	51. √	52. ×	53. √	54. √
55. ×	56. √	57. √	58. √	59. ×	60. ×	61. √	62. ×	63. √
64. √	65. √	66. √	67. √	68. √	69. √	70. √	71. √	72. ×
73. ×	74. ×	75. ×	76. √	77. √	78. ×	79. √	80. √	81. √
82. ×	83. ×	84. ×	85. √	86. ×	87. √	88. √	89. √	90. √
91. √	92. ×	93. √	94. ×	95. √	96. √	97. √	98. ×	99. ×
100. √	101. ×	102. √	103. √	104. √	105. ×	106. ×	107. ×	108. √
109. ×	110. √	111. ×	112. ×	113. ×	114. √	115. √	116. ×	117. ×
118. √	119. √	120. ×	121. ×	122. √	123. ×	124. √	125. √	126. ×

127.×	128.√	129.×	130.×	131.×	132.×	133.×	134.√	135.×
136.√	137.√	138.×	139.×	140.√	141.√	142.√	143.×	144.√
145.×	146.√	147.√	148.×	149.×	150.√	151.√	152.√	153.×
154.√	155.×	156.√	157.√	158.×	159.√	160.×	161.×	162.√
163.×	164.√	165.√	166.×	167.√	168.×	169.√	170.√	

五、简 答 题

1. 答:直接切除工件上的被切削层,使之转变为切屑的运动叫主运动(3分)。如车削时,工件的旋转运动(2分)。

2. 答:(1)工件在粗加工前进行退火或正火处理(2分);(2)合理地选择刀具几何角度降低切削力(1分);(3)合理地选择切削用量降低切削力(1分);(4)合理地选择冷却润滑液减少切削力(1分)。

3. 答:在加工工件前应仔细看清、看懂工件图样(1分),进行工艺分析,明确加工内容(2分),合理选择工艺基准,确定正确的找正、装夹方法和加工方法(2分)。

4. 答:镗床夹具主要由镗模底座、镗查勘支架、镗套、镗杆以及必需的定位、夹紧装置组成(3分)。镗床夹具的种类按导向支架的布置形式分为双支承镗模、单支承镗模和无支承镗模三类(2分)。

5. 答:铣刀盘,铣大平面;铣刀(2分),铣槽和边;车刀,镗内孔、车外圆和平面;钻头,打孔(2分);浮动镗刀用来加工光洁度高的孔(1分)。

6. 答:(1)结构简单,使用方便,应用广,灵活性大(2分)。(2)可校正原有孔轴线的位置偏差(2分)。(3)切削量小,只有一个刃参加切削,且刀杆刚度低,强度低,生产率较扩孔铰孔低。适用于单件,小批量生产(1分)。

7. 答:G90:外径、内径切消循环(外径、内径及锥面粗加工循环)(2分)。
G92:螺纹切削循环(执行固定循环切削螺纹)(2分)。
G94:端面切削循环(执行循环切削工件端面及锥面)(1分)。

8. 答:G70:精加工固定循环(完成G71、G72、G73循环后的精加工)(2分)。
G71:外径、内径粗加工固定循环(将工件切之精加工之前,沿Z轴方向循环)(2分)。
G72:端面切削固定循环(同G71,但G71沿X轴方向循环切削)(1分)。

9. 答:M03主轴顺时针方向旋转(2分);M04主轴逆时针方向旋转(2分);M05主轴停止;M06换刀(1分)。

10. 答:G02顺时针圆弧插补(2分);G03逆时针圆弧插补(1分);G41刀具半径补偿,轮廓左侧(2分);G42刀具半径补偿,轮廓右侧(1分)。

11. 答:提高进给系统的灵敏度和定位精度(1分),传动效率高达85%~98%(1分),可以消除反向间隙并施加预载(2分),有助于提高定位精度和刚度(1分)。

12. 答:在数控机床上,机床的运动是由数控装置来控制的(1分),为了确定成形运动和辅助运动(1分),必须先确定机床上运动的方向和距离(2分),在数控机床上用来确定运动轴方向和距离的坐标系称为数控机床坐标系(1分)。

13. 答:机床坐标系又称机械坐标系,用以确定工件、刀具等在机床中的位置(2分),是机床运动部件的进给运动坐标系(1分),其坐标轴及运动方向按标准规定(1分),是机床上的固有坐标系(1分)。

14. 答：G90 绝对坐标编程指令(3分)；G91 增量坐标编程指令(2分)。

15. 答：对于平面内任意一点 C，过点 C 分别向 X 轴、Y 轴作垂线(1分)，垂足在 X 轴、Y 轴上的对应点 a、b 分别叫做点 C 的横坐标、纵坐标(2分)，有序实数对"(a,b)"叫做点 C 的坐标(2分)。

16. 答：将数控指令输入给数控装置，根据程序载体的不同，相应有不同的输入装置(1分)。目前主要有键盘输入、磁盘输入、CAD/CAM 系统直接通信方式输入和连接上级计算机的 DNC(直接数控)输入(3分)，现仍有不少系统还保留有光电阅读机的纸带输入形式(1分)。

17. 答：操作者在数控装置操作面板上用键盘输入加工程序的指令，称为 MDI 功能(2分)。它适用于比较短的程序，只能使用一次，机床动作后程序即消失(2分)。MDI 功能允许手动输入一个命令或一段程序的指令，并即时启动运行(1分)。

18. 答：零件加工程序在上级计算机中生成，以计算机与数控装置直接通信的方式传输程序(2分)，CNC 系统一边加工一边接收来自上级计算机的后续程序段(2分)。这种方式是采用 CAD/CAM 软件设计的复杂工件并直接生成零件加工程序的情况(1分)。

19. 答：非圆弧曲线轮廓有时需转换成直线或圆弧逼近的曲线才能加工(3分)，转换的类型有直线逼近和圆弧逼近两种(2分)。

20. 答：辅助功能之一(2分)。预选启动了使此功能成为有效的开关，就实现与程序停止相同的功能(2分)。不启动该开关时，这项指令无效(1分)。

21. 答：G 代码：指定控制动作方式的功能代码。如直线、插补、圆弧插补、螺纹切削(3分)。

F 代码：数控机床具有的辅助性开关功能代码。它是用直址和后面的数来指定的。如主轴停、冷却开关等(2分)。

22. 答：G00 指令要求刀具以点位控制方式从刀具所在位置用最快的速度移动到指定位置，快速点定位移动速度不能用程序指令设定(3分)。G01 是以直线插补运算联动方式由某坐标点移动到另一坐标点，移动速度由进给功能指令 F 设定，机床执行 G01 指令时，程序段中必须含有 F 指令(2分)。

23. 答：G04 暂停准停(1分)，G28 返回到参考的(1分)，G32 螺纹切削(1分)，G50 坐标系设定，主轴最高转速设定(1分)，G71 纵磨循环，G98 每分钟进给(1分)。

24. 答：(1)可以简化程序，如粗、精加工用同一个程序只是修改 D01 中的偏置值(1分)；(2)减少编程人员的坐标计算(1分)；(3)使用不同的刀具时不用再编程(1分)。

过程包括：建立过程、执行过程、取消过程(2分)。

25. 答：对刀点是刀具起始运动的刀位点，亦即程序开始执行时的刀位点(2分)。

对刀点的位置应尽量选在工件的设计基准或工艺基准上，也可以选择工件外面，但必须与工件的定位基准有一定的位置关系(3分)。

26. 答：(1)每个坐标的全部运动；

(2)数控系统主要功能；

(3)主轴最高、最低及常用转速；

(4)快速及常用的进给速度；

(5)自动交换工作台的动作；

(6)装满刀具的刀库选刀及换刀动作。（每项1分，答对5个以上不扣分）

27. 答:启动按钮站(操作面板)上的 NC 启动按钮(1分),点亮 CRT(1分),并顺序返回参考点(1分)。若无任何报警及故障信息,说明机床已进入正常开机状态(2分)。

28. 答:若要断开电源,必须确认机床不处于自动运行状态(2分),且机床的各运动部件已停止运动,并到达正确位置(1分)。然后按 NC 停止按钮,切断 CRT 电源(1分),最后断开电气柜的总空气开关(1分)。

29. 答:在大批量生产时,多使用卡规或光面环规检测外径尺寸(2分),卡规有通端和止端两个测量端(1分),通端自如地通过,止端通不过的工件直径即为合格(2分)。

30. 答:(1)长度单位的复制、保持和尺寸的标准传递(1分)。

(2)检定和校准长度测量仪器、量具的刻度间距(1分)。

(3)对准确度要求较高的工件进行检验和测量(2分)。

(4)精加工中,用于对机床与夹具尺寸的调整等(1分)。

31. 答:用游标卡尺测量两孔的中心距有两种方法(1分):用游标卡尺量出两孔的外侧面最大值 A_1,再量出两孔相邻内表面之间的最小距离 A_2(3分),则两孔的中心距 $D = (A_1 + A_2)/2$ (1分)。

32. 答:(1)镗床主轴上下移动误差(2分);

(2)镗床工作台往返偏摆误差(1分);

(3)镗床主轴与工作台的平行度误差(1分);

(4)机床受热变形(1分)。

33. 答:为根据加工方法的不同,表面粗糙度比较样块可分机械加工表面粗糙度比较样块(1分),铸造表面粗糙度比较样块(1分),抛丸喷砂加工表面粗糙度比较样块(1分),电火花加工表面粗糙度比较样块(1分),抛光加工表面粗糙度比较样块(1分)。

34. 答:是以样块工作面的表面粗糙度以标准(3分),凭触觉、视觉与待检查的制件表面进行比较,从而判断制件加工后的表面粗糙度公称值是否合乎要求(2分)。

35. 答:(1)根据切削材料的性能,可降低或提高切削速度,避开积屑瘤生长区;减少进给量;采用性能好的切削液;防止机床加工系统高频振动(3分)。

(2)增大刀具的前角,适当减小主偏角和副偏角,采用较大的修光刃,提高刀具的刃磨质量,控制刀具的磨损量(2分)。

36. 答:(1)镗孔顺序选择不当造成的误差(1分);

(2)工作台多次往返移动产生的误差(1分);

(3)主轴的坐标原点的定位误差(1分);

(4)工件的安装误差(1分);

(5)机床精度的影响(1分)。

37. 答:悬伸镗孔时,由于镗杆刚度差常发生"让刀"现象,造成孔径尺寸误差。常用的解决办法是,选用粗直径镗杆或减小悬伸长度(3分),精镗时采用较小的加工余量等(2分)。

38. 答:基本尺寸为 $\phi 50$(2分),公差等级为 8 级(1分),基本偏差为 H 的孔的公差带(2分)。

39. 答:满足零件的加工质量,达到设计图纸的各项要求(1分);应使工艺过程具有较高的生产效率(1分);尽量降低制造成本(1分);注意减轻工人的劳动强度(1分),保证生产安全(1分)。

40. 答:如果吃刀深度和进给量过小的话,镗刀刀头的切削部分并不是处于切削状态(1分),而是处于磨擦状态(1分),这样容易使刀头磨损,从而使镗削后孔的尺寸精度和表面粗糙度达不到图样规定的技术要求(3分)。

41. 答:随着镗削速度的提高,镗刀的镗削作用随之加强(1分),切屑变形加剧,切削热也急剧增加,镗刀刀头的温度迅速上升(2分),从而加速刀头的磨损,严重影响镗刀的寿命(2分)。

42. 答:乳化液是由水和油混合而成的液体(1分),由于油不能溶于水,须要添加乳化剂(1分)。浓度低的乳化液含水的比例多,主要起冷却作用,适用于粗加工和磨削(2分);浓度高的乳化液,主要起润滑作用,适用于精加工(2分)。

43. 答:夹紧力的作用点应对正支承元件或位于支承元件所形成的支承面内(1分);应位于工件刚性较好的部位(1分);应尽量靠近工件的加工表面(1分),以减小切削力对夹紧点的力矩(1分),防止或减小工件的加工振动或弯曲变形。

44. 答:工件没有定位时,在空间有6个自由度(1分)。即:直线方向 x,y,z,旋转方向 x,y,z(2分)。夹具用适当分布的6个支撑点限制6个自由度的方法,称为6点定位规则(2分)。

45. 答:由于薄壁工件形状复杂、刚性差,在加工过程中常因夹紧力、切削力和热变形的影响而引起变形,影响工件的加工精度(3分),所以说提高刚性、防止变形是薄壁工件装夹的重要问题(2分)。

46. 答:能同时使工件得到定心和夹紧的装置叫自动定心夹紧机构(2分),这类装置的各定位面能以相同的速度同时相互移近或分开,所以这种装置的定位部分能自动定心(3分)。

47. 答:液压传动装置的作用力大,但结构精密、复杂(3分);气动夹紧装置构造简单,气源供应方便,但传动力不大(2分)。

48. 答:组合夹具是由一套预先制造好的不同形状(1分)、不同规格(1分)而具有互换性(1分)的标准元件(1分)根据工件的加工要求组合拼装而成的夹具(1分)。

49. 答:(1)可以大大缩短设计和制造专用夹具的周期和工作量(1分);(2)可以节省设计和制造专用夹具的材料、资金和设备(2分);(3)能缩短生产准备周期,减少专用夹具品种、数量和存放面积。但组合夹具刚性较差,初始费用较大,在某种程度上影响了使用和推广(2分)。

50. 答:G73:闭合切削固定循环(沿工件精加工相同的刀具路径粗加工循环)(2分)。

G74:端面切削固定循环(1分)。

G75:外径、内径切削固定循环(1分)。

G76:复合螺纹切削固定循环(1分)。

51. 答:相同点:夹具的基本结构相同(1分),包括夹具体、定位元件、夹紧元件等,都能满足工件定位精度和夹紧的要求(1分)。不同点:数控夹具机构上一般不设置导向装置和元件(1分),不设置对刀调整装置,夹具一般设计都比较紧凑(2分)。

52. 答:硬质合金镗刀在硬度、耐磨性、红硬性、强度和韧性方面都比高速钢镗刀要好(2分),在用硬质合金镗刀镗削时,其切削速度可以比高速钢镗刀高(3分)。

53. 答:前角对刀刃的锋利程度和强度、切削变形和切削抗力等都有明显的影响(2分)。较大的前角可减少切削变形,使切削抗力减小,故使刀具磨损减慢。一般在加工韧性材料时,应取较大前角(3分)。

54. 答:螺纹镗刀的角度要刃磨得正确合理(1分)。安装时使螺纹牙型角平分线与螺纹轴线垂直(2分),螺纹镗刀的刀尖必须与工件螺纹中心线等高(2分)。

55. 答:文件开始,引导部分,程序开始,程序部分,注释部分,文件结束(3分)。实际程序,可以缺省引导部分和注释部分,而不会影响程序运行(2分)。

56. 答:(1)检查各按钮及限位开关有无松动、异常,动作是否正常(2分)。

(2)清洁配电箱内的灰尘,检查各电器元件及线路连接件有无松动并调整(1分)。

(3)检查电动机皮带张力,并予以调整或更换(1分)。

(4)清洗机油滤清器或更换(6个月)(1分)。

57. 答:采用固定循环可以用一条指令代替多条基本指令(1分),可以自动计算轮廓点坐标(2分),可以缩短程序长度及减少编程工作量(2分)。

58. 答:通常,系统按照主程序运行(1分),当主程序出现调用子程序的指令时,系统按子程序的指令运行(2分)。当子程序中出现程序结束指令时,结束子程序运行,系统返回主程序,按主程序的指令继续运行(2分)。

59. 答:当被加工零件轮廓形状与机床的插补功能不一致时(1分),编程时用直线或圆弧去逼近被加工曲线(2分),这时,逼近线段与被加工曲线的交点就称为交点(2分)。

60. 答:(1)直观法;

(2)利用数控系统的硬件报警功能;

(3)利用状态显示的诊断功能;

(4)发生故障时应及时核对数控系统参数;

(5)备件更换法;

(6)利用电路板上的检测端子。(每项1分,答对5个以上不扣分)

61. 答:设备可靠性是指机器设备的精度、准确度和保持性,零件的耐用性、安全可靠性等(2分)。设备的可靠性一般以设备加工产品或零件的物理性能和化学成份,以及所完成的工程可靠性的技术参数来表示(3分)。

62. 答:进给伺服系统的技术要求:调速范围要宽且要有良好的稳定性(在调速范围内);位移精度高;稳定性好;动态响应快;还要求反向死区小,能频繁启、停和正反运动(每项1分,答对5个以上不扣分)。

63. 答:(1)定点:按规定油眼加油(1分)。(2)定时:按规定时间加油(1分)。(3)定质:按规定牌号加油(1分)。(4)定量:按规定的数量加油(1分)。(5)定人:每台设备润滑部位都有专人负责(1分)。

64. 答:在数控机床上,机床的运动是由数控装置来控制的(1分),为了确定成形运动和辅助运动,必须先确定机床上运动的方向和距离(2分),在数控机床上用来确定运动轴方向和距离的坐标系称为数控机床坐标系(2分)。

65. 答:G90表示绝对尺寸编程(1分),X20.0,Y15.0表示的参考点坐标值是绝对坐标值(1分)。

G91表示增量尺寸编程(1分),X20.0,Y15.0表示的参考点坐标值是相对前一参考点的坐标值(2分)。

66. 答:通过软件与接口,可以在显示器上显示程序、加工参数、各种补偿量、坐标位置、故障信息(2分)。可以采用人机对话编辑加工程序、零件图形、动态刀具轨迹等。先进的数控系统有丰富的显示功能,如具有实时图形显示、PLC梯形图显示和多窗口的其他显示功能(3分)。

67. 答:G17—XY_平面选择(2分);G18—_XZ平面选择(2分);G19—YZ平面选择(1分)。

68. 答:相同点:它们都表示程序结束(2分)。不同点:M30指令还兼有控制返回零件程序头的作用,用M30时若想再次按循环启动键,将从程序第一段重新执行;而M02没有此功能,若要重新执行该程序,就得在进行调整(3分)。

69. 答:(1)适应高速切削要求,具有良好的切削性能;

(2)高的可靠性;

(3)较高的刀具耐用度;

(4)高精度;

(5)可靠的断屑及排屑措施;

(6)精度迅速的调整;

(7)自动快速的换刀;

(8)刀具标准化、模块化、通用化及复合化。(每项1分,答对5个以上不扣分)

70. 答:(1)应能保证零件的加工精度和表面粗糙度要求(2分);

(2)应使走刀路线最短,减少刀具空行程时间或切削进给时间,提高加工效率(1分);

(3)应使数值计算简单,程序段数量少,以减少编程工作量(2分)。

71. 答:刀具补偿作用:简化零件的数控加工编程,使数控程序与刀具半径和刀具长度尽量无关(3分),编程人员按照零件的轮廓形状进行编程,在加工过程中,CNC系统根据零件的轮廓形状和使用的刀具数据进行自动计算,完成零件的加工(2分)。

72. 答:程序结束使用M30,使程序执行完自动复位到程序起始位置。待下一个零件装夹完后,再按一次循环启动,又开始新一轮的加工(2分)。为了不停地循环加工,N150程序段的作用除及时消除刀具长度补偿外,还使Y轴回到换刀位置,为执行N10程序段作好了准备(3分)。

73. 答:主要有操作模式开关,主轴转速倍率调整开关,进给速度倍率调整开关,快速移动倍率开关以及主轴负载荷表,各种指示灯,各种辅助功能选项开关和手轮等。不同机床的操作面板,各开关的位置结构各不相同,但功能及操作方法大同小异。(每项1分,答对5个以上不扣分)

六、综 合 题

1. 答:(1)将刀桥用螺栓连接在刀柄上;

(2)将精镗刀座安装在刀桥上;

(3)将配重块安装在滑动体上;

(4)刀具调整;

(5)用同样方法调整配重块,调好动平衡;

(6)锁紧锁紧螺钉,试镗,测量加工孔的尺寸与要求尺寸比较,计算出偏小数值;

(7)松开锁紧螺钉,旋刻度盘(刻度盘每转动一小格代表0.01 mm的直径切深变化),使移动量至计算出的偏小数值;

(8)锁紧螺钉,加工工件至尺寸。(每项1.5分,根据每项答案的完整程度酌情处理,满分10分)

2. 答:镗床的维护保养工作主要是注意清洁、润滑和合理的操作。日常维护保养工作分为以下三个阶段进行(1分):(1)工作开始前,检查机床各部件机构是否完好,各手柄位置是否正常(3分);清洁机床各部位,观察各润滑装置,对机床导轨面直接浇油润滑;开机低速空运转一定时间。(2)工作过程中,主要是正确操作,不允许机床超负荷工作,不可用精密机床进行粗加工等。工作过程中发现机床有任何异常现象,应立即停机检查(3分)。(3)工作结束后,清洗机床各部位,把机床各移动部件移到规定位置,关闭电源(3分)。

3. 答:(1)操作者在数控装置操作面板上用键盘输入加工程序的指令,称为 MDI 功能(3分)。

(2)在控制装置编辑状态下,用软件输入加工程序,并存入控制装置的存储器中,称为 EDIT 功能(3分)。

(3)在具有会话编程功能的数控装置上,按照显示器上提示,以人机对话的方式,输入有关的尺寸数值,就可自动生成加工程序(4分)。

4. 答:工作台的手动调整是采用方向按键(↑→→←)通过产生触发脉冲的形式或使用手轮通过产生手摇脉冲的方式来实施的(4分)。其手动调整有两种方式:(1)粗调:置操作方式开关为"JOG(手动连续进给)"方式挡(3分)。(2)微调:微调需使用手轮来操作(3分)。

5. 答:当试运行结束后即可进行工件的加工:(1)回到 EDIT,PROG 程序编辑状态(2分);(2)按 RESET 键,关闭试运行键(2分);(3)屏幕切换到工作坐标屏幕显示,把 EXT 坐标中的 Z 值改为0.0 mm,使 G56 指令的坐标还原(2分);(4)按下 MEMORY 键(2分);(5)按下程序启动钮(2分)。

6. 答:$K=(D-d)/L=1:10$(4分),$\tan\alpha=K/2=0.05$(3分),则 $\alpha=\arctan0.05$(3分)。

7. 解:

$X_2=X_1\cos\alpha+Y_1\sin\alpha$

$\quad=-60\cos50°+157\sin50°$

$\quad=-38.567+120.269$

$\quad=81.702$ mm(5分)

$Y_2=-X_1\sin50°+Y_1\cos50°$

$\quad=-(60)\sin50°+157\cos50°$

$\quad=49.963+100.918$

$\quad=150.881$ mm(5分)

答:新坐标 $X_1=81.702$ mm,$Y_1=150.881$ mm。

8. 解:在△ADE 中,

$AD=DE\tan25°=20×0.466\ 3=9.33$ mm(2.5分)

$AC=120-AD=120-9.33=110.67$ mm(2.5分)

在△ABC 中,

$AB=AC\sin65°=110.67×0.906\ 3=100.30$ mm(2.5分)

$L=AB=100.30$ mm(2.5分)

答:直孔轴线上的工艺孔至斜孔轴线的距离为 100.30 mm。

9. 答:(1)机床主轴的回转误差。

(2)镗床主轴部件的刚度较差。

(3)毛坯"误差复映"的影响。

(4)机床导轨与主轴轴线的平行度误差,会使被镗孔产生圆度误差。

(5)导向套内孔的圆度误差,导向套与镗杆间的间隙量不适当,都会使被镗孔产生圆度误差。

(6)夹紧力所引起的被镗孔圆度误差。

(7)内应力所引起的被镗孔圆度误差。(每项 1.5 分,根据每项答案的完整程度酌情处理,满分 10 分)

10. 答:(1)位置度公差是各实际要素相互间或它们相对一个或多个基准位置的允许变动(4分);(2)在位置度公差标注中用理论正确尺寸及位置度公差限制各实际要素相互之间或它们相对一个或多个基准位置,位置度公差相对理论位置为对称分布(4分);(3)位置度公差可用于单个的被测要素,也可用于成组的被测要素,当用于成组的被测要素,位置度公差应同时限定成组的被测要素中的每一个被侧要素(2分)。

11. 答:如图12所示(所要求视图每图5分,根据视图完整程度酌情给分)。

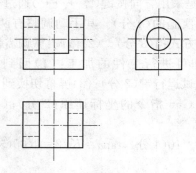

图 12

12. 答:如图13所示(根据视图完整程度酌情给分,满分10分)。

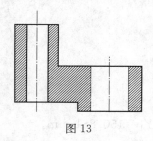

图 13

13. 答:粗镗常作为镗削加工的预加工,粗镗前工件孔一般均为毛坯孔,加工余量大,并且单边余量不均匀,加工时容易引起振动(4分)。此时应采取先效率、后精度,即以提高劳动生产率为主的加工原则(2分)。精镗常作为镗削高精度要求孔的最终加工。精镗主要是为了达到图样上规定的孔的各项技术要求(2分)。此时,应采用先精度、后效率,即以保证孔的尺寸精度、位置精度、形状精度和表面粗糙为主的加工原则(2分)。

14. 答:为了保证深孔工件的加工质量,首先应根据工件的外形结构,毛坯材料正确选择定位基准和装夹方法(4分)。毛坯外圆尺寸精度差时,如果以外圆定位应在镗孔之前安排加工外圆(2分)。用 V 形块定位,使工件两端外圆轴线与镗床主轴轴线平行,如不平行可在 V 形块下或等高垫块下垫铜皮(2分)。调整主轴高低位置和工作台位置,使镗床主轴线与工件镗孔中心线重合(2分)。

15. 答:解:

$$f_z = \frac{f}{z} = \frac{0.4 \text{ mm/r}}{5} = 0.08 \text{ mm/r}(4\text{分})$$

$$v_f = fn = f \times \frac{1\,000\,v}{\pi D} - 0.4 \text{ mm/r} \times \frac{1\,000 \times 6.28 \text{ mm/min}}{\pi \times 40 \text{ mm}} = 20 \text{ mm/min}(4\text{分})$$

答:每齿进给量为 0.08 mm/r,每分钟进给量为 20 mm/min(2 分)。

16. 答:镗套的结构形式和精度直接影响被加工的精度。常用的镗套有两类,即固定式镗套和回转式镗套(4 分)。(1)固定式镗套与快换钻套结构相似,加工时镗套不随镗杆转动。A型不带油杆和油槽,靠镗杆上开的油槽润滑;B 型则带油杯和油槽,使镗套和镗杆之间能充分地润滑,从而减少镗套的磨损。固定式镗套的优点是外形尺寸小,结构简单,精度高。但镗杆在镗套之间能充分地润作轴向移动,使镗套容易磨损,因此只适用于低速镗孔(3 分)。(2)回转式镗套随镗杆一起转动,镗杆与镗套之间只有相对移动而无相对转动,从而大大减少了镗套的磨损,也不会因摩擦发热而"卡死"。因此,它适合于高速镗孔(3 分)。

17. 答:薄壁工件由于壁薄、刚性差,在加工时容易引起变形。为了保证薄壁工件的加工精度和表面粗糙度,在镗削各孔时应按粗精分开的原则来进行(4 分)。(1)粗镗时切去绝大部分余量,留 0.3~0.5 mm 的精镗余量。在各孔粗镗结束后,应将夹紧点松一下,让工件恢复弹性变形。因粗镗时余量大,切削力大,夹紧力大,容易引起工件的变形(4 分)。(2)在精镗时,加工余量小,切削力小,只要用较小的夹紧力来夹紧工件就可以了,这样有利于保证薄壁工件的镗削加工精度(2 分)。

18. 答:(1)刀片表面不许有黑皮、裂纹、锈蚀,刀刃不得有卷刃崩刃现象。

(2)前角、后角、楔角不变。

(3)每刃刀片厚度一致。

(4)刃口径向跳动公差 0~0.05 mm。

(5)刃部端面圆跳动公差 0~0.03 mm。

(6)铣刀刀齿与样板间隙不超过 0.1 mm。

(7)磨削深度:一般每次 0.00~0.01 mm。

(8)湿磨进给速度:金属结合剂为 25~45 m/s,树脂结合剂为 15~25 m/s。(每项 1.5 分,根据每项答案的完整程度酌情处理,满分 10 分)

19. 答:(1)加工平面用的铣刀:加工平面一般用面铣刀和圆柱铣刀,较小的平面也可用立铣刀和三面刃铣刀(3 分)。(2)加工直角沟槽用铣刀:一般直角沟槽用三面刃铣刀、立铣刀加工,加工键槽采用槽铣刀和盘形槽铣刀(3 分)。(3)加工特种沟槽的特形表面的铣刀:这类铣刀有 T 形槽铣刀、燕尾槽铣刀和凹凸圆弧铣刀等(4 分)。

20. 答:在进行返回参考点操作之前,操作者应检查机床部件离参考点的距离(3 分)。为保证返回参考点能正常执行,机床部件应离开参考点一个相当的距离。在多轴机床上要考虑各轴在执行返回参考点操作的顺序(3 分)。对外圆磨床应现 X 轴再 Z 轴;待返回参考点操作完成后,操作者应观察一下各轴所处的参考点的实际位置是否有较大的变化,甚至相差一个螺距,以免忽略了没有报警的故障(4 分)。

21. 答:(1)伸出右手的大拇指、食指和中指,并互为 90°。则大拇指代表 X 坐标,食指代表 Y 坐标,中指代表 Z 坐标(4 分)。

(2)大拇指的指向为 X 坐标的正方向,食指的指向为 Y 坐标的正方向,中指的指向为 Z 坐标的正方向(3 分)。

(3)围绕 X、Y、Z 坐标旋转的旋转坐标分别用 A、B、C 表示,根据右手螺旋定则,大拇指的指向为 X、Y、Z 坐标中任意一轴的正向,则其余四指的旋转方向即为旋转坐标 A、B、C 的正向(3 分)。

22. 答：(1)加工方向的确定是以增大刀具与工件距离的方向确定为各坐标轴的正方向。

(2)Z 轴的确定：平行于主轴轴线方向为 Z 轴，刀具远离工件的方向为正 Z 方向。

(3)X 轴的确定：车床取横向滑座方向为 X 轴，取刀具远离工件的方向为正向。

(4)立式数控铣床：面对立柱，右手方向为 $+X$ 向。

(5)卧式数控铣床：从主轴后端往前看，取右手方向为 $+X$ 方向。

(6)Y 轴的确定：$+Y$ 的运动方向，根据 X、Z 坐标的运动方向，按照右手笛卡尔坐标系来确定。（每项 2 分，根据每项答案的完整程度酌情给分，满分 10 分）

23. 答：(1)关于 x 成轴对称的点的坐标，横坐标相同，纵坐标互为相反数（横同纵反）(4 分)。(2)关于 y 成轴对称的点的坐标，纵坐标相同，横坐标互为相反数（横反纵同）(3 分)。(3)关于原点成中心对称的点的坐标，横坐标与横坐标互为相反数，纵坐标与纵坐标互为相反数（横纵皆反）(3 分)。

24. 答：解：$\because n_\text{工} = (1\,000 \times V_\text{工}/\pi \times D_\text{工})$(6 分)

$\therefore n_\text{工} = (1\,000 \times 30/3.14 \times 40) = 238.85 \text{ r/min} \approx 240 \text{ r/min}$(4 分)。

25. 答：Z 坐标轴：Z 轴是首先要确定的坐标轴，是机床上提供切削力的主轴轴线方向，如果一台机床有几个主轴，则指定常用的主轴为 Z 轴(4 分)。X 坐标轴：X 轴通常是水平的，且平行于工件装夹面，它平行于主要切削方向，而且以此方向为正方向(3 分)。Y 坐标轴：Z 轴和 X 轴确定后，根据笛卡尔坐标系，与它们互相垂直的轴便是 Y 轴。机床某一部件运动的正方向是增大工件和刀具之间距离的方向(3 分)。

26. 答：首先检查功能指令代码是否有错误或遗漏(3 分)；其次检查刀具代号是否有错误或遗漏，以防加工时刀具半径补偿值有差错(3 分)；最后验算数据的计算是否有误，正负号对不对，程序单上填的数值是否与编程草图上标注的坐标值一样，走刀路线是否为封闭回路（可以用各坐标运动位移量的代数和是否为零来校验）等(4 分)。

27. 答：(1)将需用的刀具在刀柄上装夹好，并调整到准确尺寸。

(2)根据工艺和程序的设计将刀具和刀具号一一对应。

(3)主轴回 Z 轴零点。

(4)手动输入并执行" T01 M06 "｛西门子系统：调刀：TLCHI(T01.0)，备刀：TLPREPI (T02)｝。

(5)手动将 1 号刀具装入主轴，此时主轴上刀具即为 1 号刀具；刀备。

(6)手动输入并执行" T02 M06 "。

(7)手动将 2 号刀具装入主轴，此时主轴上刀具即为 2 号刀具。

(8)其他刀具按照以上步骤依次放入刀库。（每项 1.5 分，根据每项答案的完整程度酌情处理，满分 10 分）

28. 答：(1)用寻边器对刀，确定 X、Y 向的零偏值，将 X、Y 向的零偏值输入到工件坐标系 G54 中，G54 中的 Z 向零偏值输为 0(3 分)。

(2)将 Z 轴设定器安放在工件的上表面上，从刀库中调出 1 号刀具装上主轴，用这把刀具确定工件坐标系 Z 向零偏值，将 Z 向零偏值输入到机床对应的长度补偿代码中，"+"、"−"号由程序中的 G43、G44 来确定，如程序中长度补偿指令为 G43，则输入"−"的 Z 向零偏值到机床对应的长度补偿代码中(4 分)。

(3)以同样的步骤将其他各号刀具的 Z 向零偏值输入到机床对应的长度补偿代码中(3 分)。

29. 答：如图 14 所示，$H = L\sin\alpha$(2 分)，根据上式 $h = 2(L_1 - L_2)\sin\alpha$(4 分)$= 2 \times (4-2) \times$

0.0995(2分)＝0.398(mm)(2分)。

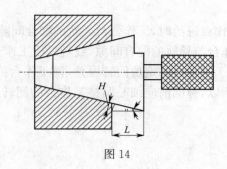

图 14

30. 答:从测得数据看 ϕ100.05 mm 最小,ϕ100.0 mm 最大(4分);

(100.1～100.05 mm)/2 ＝0.025 mm(4分),孔的圆度误差为 0.025 mm(2分)。

31. 答:解:根据量块选择原则,数量一般不超过 4～5 块,并应先选最后一位数字的量块尺寸,该尺寸的选择方法如下(1分):

$$
\begin{array}{r}
88.545 \\
-\quad 1.005 \quad \text{第一块(2分)} \\
\hline
87.54 \\
-\quad 1.04 \quad \text{第二块(2分)} \\
\hline
86.5 \\
-\quad 6.5 \quad \text{第三块(2分)} \\
\hline
80 \quad \text{第四块(2分)}
\end{array}
$$

答:选四块量块,分别为 1.005,1.04,6.5 和 80(1分)。

32. 答:应注意以下几点:

(1)为消除基准不重合而造成误差,应使定位基准与设计基准重合(3分)。

(2)为避免基准多次转变而带来的累积误差,应遵照优先选择基准不变原则(2分)。

(3)当定位基准与设计基准不重合时,为减少基准不重合误差,必须提高定位基面的加工精度(3分)。

(4)夹紧力的大小与着力点应适当(2分)。

33. 答:解:在△ABC 中(1分)

$AC＝AB\tan 30°＝20×0.577\ 4＝11.5$ mm(4分)

$L＝40+AC＝40+11.55＝51.55$ mm(4分)

答:斜孔轴线上的工艺孔至基准面的距离为 51.55 mm(1分)。

34. 答:平行孔系的主要技术要求是各平行孔轴线之间,孔轴线与基准面之间的距离精度和平行度要求;孔的尺寸精度、形状精度及表面粗糙度要求(4分)。

镗削时保证平行孔系位置精度的方法有:

(1)单件小批生产时,一般在卧式镗床或落地镗床上用试镗法和坐标镗法加工(3分)。

(2)批量较大的中小型箱体,经常采用镗模法加工(3分)。

35. 答:(1)采用悬伸镗孔时,由于镗杆的挠曲变形,在镗杆进给时使同轴线上的孔产生同轴度误差。解决的办法：改变机床进给方式，由工作台进给；若镗杆进给，必须控制其悬伸长度或采用支承法镗削（3 分）。

（2）当采用悬伸镗孔、工作台进给时，工作台与导轨的配合间隙不适当，使被镗孔系产生同轴度误差。因此，应调整工作台与导轨的配合间隙，或者采用工作台同向进给（3 分）。

（3）调头镗同轴孔时，由于工作台的定位回转误差，使工作台回转轴线与主轴轴线间存在偏心量，造成同轴度误差。所以，镗削前应细心调整工作台的回转定位误差，确保工作台回转 180°，精确无误（4 分）。

数控镗工(高级工)习题

一、填空题

1. 正投影法是指( )与投影面垂直对形体进行投影的方法。

2. 三视图就是( )、俯视图、左视图(侧视图)的总称。

3. 将机件的某一部分向( )投射所得到的视图称为局部视图。

4. 零件的( )可以分为设计基准和工艺基准。

5. 表达机器或部件的( )图样成为装配图。

6. 设计时,根据零件的使用要求,对零件尺寸规定一个允许的( ),这个允许的尺寸变动量即为尺寸公差。

7. 形位公差是指零件要素的( )和实际位置对于设计所要求的理想形状和理想位置所允许的变动量。

8. 决定零件主要尺寸的基准称为( ),而附加基准称为辅助基准,基准之间一定有尺寸联系。

9. 基本偏差一定的孔的公差,与不同基本偏差的轴的公差带形成各种配合的制度,称( )配合制。

10. ( )Ra 是指在取样长度内,轮廓偏距绝对值的算术品均值。

11. 当零件表面的大部分粗糙度相同时,可将相同的粗糙度代号标注在右上角,并在前面加注( )两字。

12. ( )可分为钢铁金属和非铁金属两类。

13. 金属材料的( )可分为机械性能和工艺性能。

14. 金属材料的工艺性能包括热处理( )、铸造性能、锻造性能、焊接性能、切削加工性能。

15. 铸铁可分为( )、灰口铸铁、可锻铸铁、球墨铸铁、蠕墨铸铁及特殊性能铸铁。

16. 钢的热处理是将钢在固态下施以不同的加热、保温和冷却,从而获得需要的( )和性能的工艺过程。

17. 合金结构钢钢号由 数字+元素+数字 三部分组成,前面的数字表示( )。

18. 铬是使不锈钢获得耐蚀性的基本元素,当钢中含铬量达到 12% 左右时,( ),在钢表面形成一层很薄的氧化膜,可阻止钢的基体进一步腐蚀。

19. ( )及其合金又称非铁材料,是指除 Fe、Cr、Mn 之外的其他所有金属材料。

20. 渗碳钢通常是指渗碳、淬火、( )后使用的钢。

21. ( )是除金属材料以外的其他一切材料的总称,主要包括有机高分子材料、无机非金属材料和复合材料三大类。

22. 低合金通常是在( )状态下使用的,其组织结构为铁素体+珠光体。

23. 用于制造各种（　　）和其他工具的钢称为工具钢。

24. 在高温下有一定（　　）和较高强度以及良好组织稳定性的钢称为热强钢。

25. 表面淬火是将工件的表面层淬硬到一定深度，而心部仍保持（　　）状态的一种局部淬火法。

26. 橡胶是以高分子化合物为基础的具有显著（　　）的材料。

27. （　　）是一种挠性传动，它由链条和链轮组成。

28. 无论是一般车削，还是车螺纹，进给量都是以主轴转一转，（　　）的距离来计算。

29. 零件的机械加工质量包括加工精度和（　　）。

30. 工艺基准分为定位基准、测量基准、（　　）。

31. 当液压系统的两点上有不同的压力时，流体流动至压力较低的一点上。这种流体运动叫做（　　）。

32. 砂轮是（　　），他是由磨料（沙粒）用结合剂黏贴在一起焙烧而成的疏松多孔体。

33. 现国标砂轮书写顺序：（　　）、尺寸（外径×厚度×孔径）、磨粒、粒度、硬度、组织、结合剂、最高工作线速度。

34. 砂轮磨料分为天然磨料和（　　）两大类。

35. 在切削过程中（　　）叫做切削运动。

36. （　　）包括切削用量和切削层横截面要素。

37. （　　）根据用途不同可以分为三种类型：万能量具、专用量具、标准量具。

38. 游标卡尺的（　　）是 0.02 mm 0.05 mm 0.1 mm。

39. 千分尺的（　　）为 0.01 mm。

40. 百分表的（　　）1 mm，通过齿轮传动系统使大指针回转一周。

41. 工件在空间具有六个（　　）。

42. （　　）是指刀具材料在高温条件下不易与工件材料和周围介质发生化学反应的能力。

43. 一般数控车床主要由（　　）、数控装置、伺服机构和机床四个基本部分组成。

44. 点位控制数控机床的特点是机床移动部件从一点移动到另一点的准确定位，各坐标轴之间的运动是（　　）。

45. 零件程序所用的代码主要有（　　）G 指令，进给功能 F 指令，主轴功能 S 指令，刀具功能 T 指令，辅助功能 M 指令。

46. 数控车床 CRT/MDI 面板中，（　　）表示坐标位置显示；PROGRAM 键表示程序显示；OFFSET/SETTING 键表示刀具补偿（偏置设定）。

47. 加工中心的主要加工对象有箱体类零件、复杂曲面、异形件和（　　）。

48. 通常程序段由若干个（　　）组成。

49. 固定程序段落不适用（　　），也不使用计数用的分隔符，它规定了在输入中所有可能出现的字的顺序。

50. （　　）可用于检索，便于检查交流或指定跳转目等，一般由地址符 N 后续四位数字组成。

51. （　　）代码地址符为机床准备某种运动方式而设定。

52. （　　）按用途分类可分为：基准工具、量具、绘划工具、辅助工具。

53. 锉刀粗细刀纹的选择和预留加工量选择锉刀刀纹也是一个比较讲究的问题，主要根据工件对（　　）的要求而定。一般原则是粗加工用粗纹,半精加工用中粗和细纹,精加工用细纹和油光锉。

54. 铰孔时,（　　）对孔的扩张量与孔的表面粗糙度有一定的影响。

55. 在工件上加工出（　　）的方法,主要有切削加工和滚压加工两类。

56. 螺纹切削 一般指用成形（　　）或磨具在工件上加工螺纹的方法,主要有车削、铣削、攻丝、套丝、磨削、研磨和旋风切削等。

57. 四色环色环为（　　）表示 $15 \times 10^3 = 15 \text{ k}\Omega \pm 5\%$ 的电阻器。

58. （　　）表达样式如下:LW5——额定电流＋定位特征代号＋接线图编号/数字表示触头系统挡数。

59. （　　）按结构划分可分为熔体、触头、外壳、底座四部分。

60. 万用表测量电流或电压时如果不知道被测电压或电流的大小,应先（　　）,而后再选用合适的挡位来测试。

61. 一般认为电机是指（　　）的设备,前者即旋转电机,包括发电机和电动机,后者即变压器。

62. 常见的（　　）有电动力吹弧、窄缝灭弧、栅片灭弧、磁吹灭弧。

63. 触电是人体直接或间接（　　）,电流通过人体造成的。

64. 不允许使用表面锈蚀、（　　）、报废的钢丝绳。

65. （　　）的主要原因有三:一是人为的不安全因素;二是机械设备本身的缺陷;三是操作环境不良。

66. 环境保护是指人类为解决现实的或潜在的（　　）问题,协调人类与环境的关系,保障经济社会的持续发展而采取的各种行动的总称。

67. 环境保护是利用环境科学的理论和方法,协调人类与环境的关系,解决各种问题,保护和改善环境的一切（　　）的总称。

68. 有效决策建立在数据和（　　）的基础上。

69. 决策具有（　　）、选择性和客观性。

70. GB/T 9000 族标准区分了质量管理体系要求和（　　）。

71. 表达机器或部件的图样,称为（　　）。

72. 主视图的选择应从主视图的（　　）和零件的位置两方面考虑。

73. 读装配图就是要读懂各零件之间的连接形式和（　　）关系。

74. 在装配图的某一视图中,为表达被某些零件遮住的内部构造或其他零件的形状,可假想（　　）一个或几个零件后绘制该视图。

75. 在镗床上铣削时采用的刀杆及其他安装工具,应最大限度地执行（　　）的原则,使切削时具有最大的刚性。

76. 镗削工件的夹紧力方向应向着较大的定位表面,以减少单位面积压力和工件的（　　）。

77. 箱体类零件先加工平面,为加工孔时准备良好的和稳定的（　　）,减少孔的加工误差。

78. 箱体的镗削工艺方案是对零件进行工艺分析以后,根据（　　）和设备制定的。

79. 箱体类零件满足定位要求,常采用的定位方式包括以平面、圆柱孔和（　　）定位。

80. 定位误差是由定位基准与工序基准不重合误差和定位基准（　　）误差组成的。

81. 按组合夹具元件功能的不同可分为（　　　）、支承件、定位件、导向件、夹紧件、紧固件、其他件和合件八大类。

82. 组合夹具组装灵活,使用后（　　　）。

83. 解决机床刚性对孔距影响的措施之一是工件尽量安装在（　　　）,使机床受力均匀。

84. 在镗床上加工带角度的大平面时,把这个面的基线与主轴线校正（　　　）,压紧工件后就可以铣削。

85. 微调镗刀是单刃镗刀中较为先进的一种镗刀,可用于卧式镗床、坐标镗床和数控镗床。与其他单刃镗刀相比,具有（　　　）方便和精度高的优点。

86. 微调镗刀在镗杆上的安装角度有（　　　）和倾斜型两种形式。

87. 浮动镗刀通过作用在对称刀刃上的切削力来自动平衡其（　　　）,因此能抵偿镗刀块的制造、安装误差和镗杆的动态误差所引起的不良影响,从而获得较高的加工质量。

88. 在小直径机夹减振镗刀杆内腔,有一块硬质合金重块被支承在两个（　　　）中间,在镗削过程中,腔内的组合件在支承面上连续不断的运动,吸收镗杆振动。

89. 非圆曲线的二维节点的计算方法包括等间距法、（　　　）和等误差法。

90. 用（　　　）计算非圆曲线节点坐标时,必须已知曲线的方程。

91. 在数控机床加工中,除了由直线与圆弧几何元素组成的轮廓零件外,还常遇到一些（　　　）构成的零件。

92. 用户宏程序的功能,是把用户编好的宏程序像（　　　）一样存储其中,使用时随时调出。

93. 镗床一级保养是指外保养;主轴箱及进给变速箱保养（　　　）;导轨保养;后立柱保养;润滑系统保养和电器部分保养。

94. 液压控制阀是控制和调节液压系统中液体流动的方向和液体的（　　　）,从而控制执行元件。

95. 数控机床无报警显示的故障现象包括:机床失控、（　　　）、机床过冲、噪声过大、快进时不稳定等现象。

96. 在万能镗床上加工斜孔与直孔轴线间或斜孔轴线与平面间角度精度要求（　　　）的工件,可以直接用工作台找正角度。

97. 采用工艺孔加工斜孔,加工和测量均以工艺孔上的（　　　）为基准,操作方便,加工误差小,在可能的条件下,应尽量采用这种方法。

98. 空间双斜孔一般都用万能转台在坐标镗床上加工。在万能转台上通过转直过程,使双斜孔处于与主轴轴线（　　　）的位置进行加工。

99. 对形状复杂的薄壁工件来说,一般选取面积最大,而且与各镗削孔有（　　　）要求的平面为该工件的主要定位基准面。

100. 对薄壁工件定位时,定位点尽可能距离大些,以增加接触三角形的面积,增加接触（　　　）。

101. 镗削薄壁工件时,要严格贯彻粗、精加工分开,先粗后精的原则,注意（　　　）的选择。

102. 阶梯孔的加工包括孔及阶台平面,其控制尺寸为孔径与（　　　）。

103. 用平旋盘加工（　　　）的阶梯孔及阶台平面,才能精确控制孔的深度。

104. 以金属线纹尺与光学读数测量定位,是移动坐标镗削平行孔系实际操作中常采用的方法,它操作方便,精度可达( )毫米以内。

105. 采用坐标法镗削平行孔系时,各孔距的精度是依靠坐标尺寸保证的,所以,一般都选用标注基准孔为( )。

106. 平行孔系主要技术要求是保证各平行孔轴线之间的尺寸精度和( )精度。

107. 用坐标法加工平行孔系,必须掌握工件的( )和工艺基准的找正方法,以及合理选用原始孔和确定镗孔顺序。

108. 大批量生产的( )同轴孔系采用多刀多刃镗削加工方法。

109. 在大批量生产中,为了提高劳动生产率,对高精度的同轴孔系常采用( )的镗削加工方法。

110. 对于小型的平面圆周分度孔而且精度要求又比较高的工件,可利用( )进行加工。

111. 在有直孔和斜孔的工件上,工艺基准孔一般选在与基准面有( )的直孔的轴线上。

112. 孔轴线不在同一平面内,且空间相交成一定角度的孔系,称( )孔系。

113. 对孔轴线间的夹角精度要求较高的工件,则一般采用( )来保证。

114. 在坐标镗床上铣螺旋槽常采用( )铣削法。

115. 热变形往往会造成镗出的孔是圆形,冷却后,孔逐渐变为( )形。

116. 在坐标镗床上铣削较大的平面时,一般都使用( )铣刀铣削。

117. 用万能刀架镗削孔的端面时,孔与端面的垂直度,端面的平面度及( )均能获得较高的的精度。

118. 铣削斜平面时,一般选择与斜面有( )要求的平面作为主要定位基准面。

119. 工件上只有一个斜平面时,可按工件图样要求划出加工线,在镗床( )上进行加工。

120. 箱体类零件主要加工表面是平面和轴孔,应采用粗精分开,( )的原则。

121. 箱体零件有较大的平面,而孔系加工要求又较高,需经多次安装才能完成,所以箱体在加工中( )选择是一个关健。

122. 橡胶系室温下处于高弹性的( )材料。具有高弹性,优良的伸缩性和积储能量的能力,成为常用弹性材料、减振材料、密封材料和传动材料。

123. 不锈钢按其金相组织的不同分为铁素体不锈钢、( )不锈钢和奥氏体不锈钢。

124. 不锈钢镗削时,宜采用( )切削速度和选用较大的进给量,其主要目的是使切削刃不与冷硬层接触,以提高刀具的使用寿命。

125. 切削淬火钢时,必须加注切削液,降低切削温度,提高刀具使用寿命,一般常用有机油和( )等作切削液。

126. 对加工精度要求较高的缺圆工件,可采用( )的工艺方法进行镗削。

127. 在镗削缺圆孔时,切削力是变化的,致使单刀镗削的精度受到一定的限制。为此,可增加( )的次数,以减少切削力影响。

128. 在选择测量工具时,应使测量零件的尺寸大小在所选择量具、量仪的( )范围内。

129. 在选择测量工具时,要能严格地控制实际尺寸在( )范围内。

130. 测量前应将量具的测量面和工件( )擦净,以免脏影响测量精度和加快量具磨损。

131. 正弦规是利用三角函数测量（　　）的一种精密量具。

132. 正旋规利用正弦定义测量角度和（　　）等的量规，也称正弦尺。

133. 正弦规一般用于测量小于（　　）的角度，在测量小于 30° 的角度时，精确度可达3″～5″。

134.（　　）是根据正弦函数原理，利用量块垫其一端，使之倾斜一定角度的检验定位工具。

135. 检验斜孔角度的方法是将加工完的工件安装在工作台上，将两根测量棒分别插入斜孔及工艺孔内。在主轴上安装千分表定位器，旋转表架并移动坐标，并分别找正两个测量棒轴线，并分别记下轴线的（　　），即可根据两个轴线的位置差和被测点之间的长度来确定角度误差。

136. 用工艺孔对斜孔坐标位置进行检验时，首先要确定工艺孔的轴线到某基准面的实际尺寸，再检验工艺孔及基准孔的实际尺寸，并根据实际尺寸分别配（　　）根测量棒。

137. 用球形检具法加工斜孔，其方法是将球形检具根据工艺要求安装在工件的适当位置上，使球心与（　　）的位置重合。

138. 在坐标镗床上对斜孔角度检验时，在斜孔内配入测量棒，测量棒长度应伸出孔端面，精度要求越高时，伸出长度应（　　）些。

139. 孔系的相互位置精度包括孔与孔中心线的同轴度、平行度、垂直度，孔与平面的（　　）。

140. 当孔径较小时，可用圆度仪或三坐标测量机测量，也可用综合量规、心轴测微仪测量；当孔径很大或被测孔之间的距离较大时，用（　　）和测量桥测量孔系的同轴度。

141. 用心棒和千分尺检验两平行孔两端的孔距，其差值即是（　　）的平行度误差值。

142. 检验孔与端面垂直度最常用的方法是将带有检验圆盘的心棒推入孔内，再用（　　）检验端面接触情况。

143. 在机械加工过程中，在加工零件的表面产生微小的峰谷。这些微小峰谷的高低程度和间距状况，称为（　　）。

144.（　　）是一种微观几何形状误差，又称微观不平度。

145. 机床各部分产生明显的温差，会引起机床形位精度下降；主轴部分受热变形，会使主轴产生（　　），造成被加工孔的精度下降。

146. 在用机床坐标定位加工孔系时应注意维护坐标测量、检测原件和（　　）的精度，防止磨损、发热及损伤。

147. 为减少机床形位精度对孔距的影响，尽量使坐标移动和（　　）。

148. 机床前立柱的导轨面在进给方向的铅垂平面不垂直于工作台面时，机床主轴便不平行于工作台面，当主轴进给加工时，被加工孔的轴线会（　　）装夹基准面。

149. 工件的加工区域刚性较差时，切削时往往产生振动，采用（　　），并加适度的夹紧力，则可加强工件局部区域的刚性。

150. 在某些不允许设立工艺基准孔的工件上，可在（　　）上设立基准孔，等加工和检验合格以后拆除即可。

151. 主视图的位置应尽量使其与零件在（　　）一致。

152. 选择装配图的视图时,部件的功用、工作原理、装配关系及( )等内容表达要完全。

153. 镗模加工节省了( )的时间,做到了高效、低成本,经济效益好。

154. 使用时,按照工件的加工要求可从中选择适用的元件和部件,以( )的方式组合成各种专用夹具。

155. 工件在夹紧后产生的变形和损伤,不应超过( )规定的要求。

156. 夹紧工件时,必须保证不出现因( )而产生夹不紧的现象。

157. 浮动镗刀在加工过程中,依靠作用在对称切削刃上的切削力来实现( )。

158. 新安装及大修后的电力变压器在正式投入前要做( )。

159. 工艺装备包括刀具、夹具和( )。

160. 量具是根据生产类型和( )而定的。

161. 增大工艺系统的( ),可以增强工艺系统阻止产生振动的能力,从而防止和消除镗削过程中的振动。

162. 数控镗床加工中,利用( )镗削是获得较高孔距精度的重要环节之一。

163. 调整浮动镗刀的尺寸时,一般将镗刀的直径尺寸调整到工件孔径的( )。

164. 在镗削相交孔时,由于孔有一部分为不完整孔,刀具的切削力不均匀,容易引起孔的( )。

165. 若工件上有三个或四个侧面的孔、面都需要镗削,则工件应安装在工作台,( )。

166. 用立铣刀加工封闭式矩形直角沟槽时应先在加工工件上( )。

167. 在坐标镗床上,由于( )的刚性好,采用工作台进给可镗削较长的平面,因此可加工大的平面。

168. 在数控镗床上加工斜面时,假定( ),将其转化为一个两轴半加工的编程题目,难度大大降低。

169. 在数控机床上加工形状比较复杂的加工面时,可通过( )来完成

170. 在使用平底刀加工斜面时,( )刀具加工极易造成刀具磨损和崩刃。

171. 在镗削加工选择精基准时,应使所选用的定位基准能用于多个表面的加工及多个工序的加工,这就是( )的原则。

172. 在数控镗床上铣削带有硬皮的工件时,常采用( )的方式。

173. 工作台回转180°自定位的调头镗孔的优点是( )。

174. 硬质合金适用于制作( )的刀片,焊接在刀杆上使用。

175. 难加工材料切削时的切屑呈( ),既不安全,又影响切削过程的顺利进行。

176. ( )的高温硬度是现有刀具材料中最高的,最适合用于难加工材料的切削加工。

177. 正弦规工作面的下方固定有两个( )的圆柱体,它的公切面与上工作面平行。

178. 检测工件斜孔的位置度时,常把与斜孔有的面作为主要( )。

179. 自动化机械加工时,机床、夹具、刀具和工件所构成的一个完整系统,称为( )。

180. 在箱体加工中,粗基准的选择应保证主轴孔的( )。

181. 在镗床上用三面刃铣刀加工较深、较窄的矩形直角沟槽时,铣刀的宽度原则上应比槽( )。

182. YG813是一种加有少量( )的WC-Co系的合金。

183. 根据 1Cr18Ni9Ti 不锈钢的性能及特点,刀具选用硬质合金刀片,牌号为(　　)。

184. 转移原始误差实质就是将原始误差从误差敏感方向转移到(　　)方向上去。

185. 正弦规是利用(　　)测量角度和锥度等的量规,也称正弦尺。

186. 动态跳动检查是一个综合指标,它反映机床主轴精度、刀具精度以及(　　)精度。

187. 传动链的传动误差是指机床内部的传动链中(　　)之间相对运动的误差。

188. 在镗床上进行铰削加工时,铰削前应检查铰刀尺寸及铰刀切削部分的(　　)。

二、单项选择题

1. 图 1 投影中,属于正投影的是(　　)。

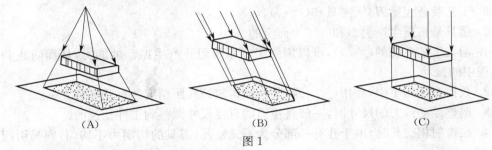

(A)　　　　　　　(B)　　　　　　　(C)

图 1

2. 下列说法正确的是(　　)。

(A)从物体的前面向后面投射所得的视图称主视图(正视图)

(B)从物体的上面向下面投射所得的视图称主视图(正视图)

(C)从物体的左面向右面投射所得的视图称主视图(正视图)

(D)三视图就是主视图(正视图)、斜视图、左视图(侧视图)的总称

3. 下列视图为图 A 面的局部视图且表达正确的是(　　)。

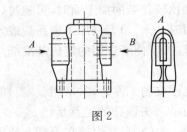

图 2

(A)　　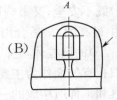(B)　　(C)

4. 下列说法错误的是(　　)。

(A)相互垂直的两直线之一为某个投影面的平行线是两个直线在该投影面上的投影必定垂直

(B)圆球的三个投影为大小相等的圆,他们是圆球表示某一个圆的三个投影

(C)回转体是由回转面与平面或回转面所围成的

(D)圆锥的三面投影都没有积聚性

5.下列有关装配图说法正确的是( )。

(A)两个零件即使表面接触或表面配合也需要用两条轮廓线来表示

(B)这和零件剖切面都要画剖面线

(C)为了表达被遮挡的装配关系,可假想拆去一个或几个零件,只画出所表达的部分视图

(D)即使不影响理解,装配图的螺母螺栓也不可以简化

6.下列不属于国家标准配合方式的是( )。

(A)间隙配合　　　　(B)过盈配合　　　　(C)过渡配合　　　　(D)极限配合

7.下列说法错误的是( )。

(A)局部视图是从完整的视图中分离出来其断裂边界用波浪线绘制

(B)当局部视图外轮廓成封闭时不必画出断裂线

(C)几何体向不平行于任何基本投影面的辅助投影面投射所得的视图称为斜视图

(D)斜视图必须完整的表达出零件的所有真实尺寸

8.尺寸偏差是( )。

(A)算数值　　　　(B)绝对值　　　　(C)代数值　　　　(D)相对值

9.图3中螺纹正确的是( )。

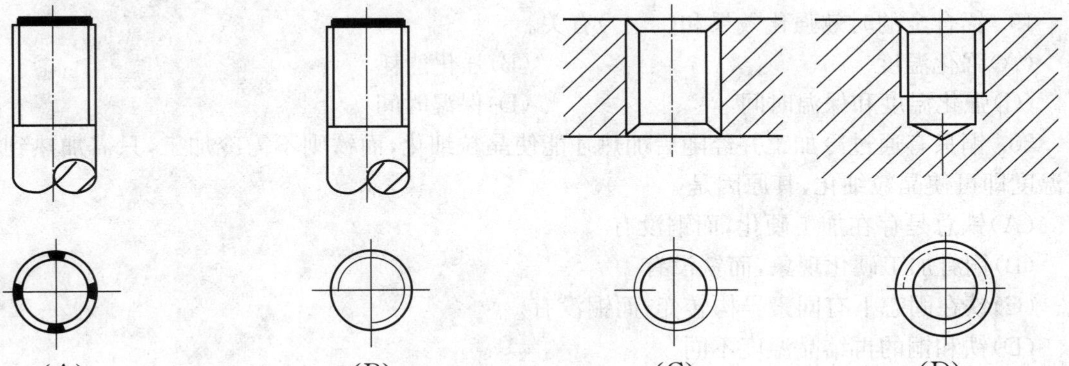

（A）　　　　　　（B）　　　　　　（C）　　　　　　（D）

图3

10.下列不是 GB/T 3505 中规定的粗糙度参数是( )。

(A)微观最小二乘偏差　　　　　　　(B)微观不平度十点高度

(C)轮廓最大高度　　　　　　　　　(D)轮廓算数平均偏差

11.局部放大图的标注中,若被放大的部分有几个,应用( )数字编号,并在局部放大图上方标注相应的数字和采用的比例。

(A)希腊　　　　(B)阿拉伯　　　　(C)罗马　　　　(D)中国

12.下列钢铁金属中属于碳钢的是( )。

(A)40Cr　　　　(B)HT200　　　　(C)45　　　　(D)KmTBMn5W3

13.下列属于金属材料的机械性能的是( )。

(A)焊接性能　　　　(B)热处理性能　　　　(C)弹性模量　　　　(D)锻造性能

14.下列属于金属材料的工艺性能的是( )。

(A)弹性模量　　　　(B)冲击韧度　　　　(C)切削加工性能　　　(D)疲劳强度

15. 灰口铸铁中铁碳合金中碳的存在形式为(　　)。

(A)碳以片状石墨出现　　　　　　　　(B)以 Fe_3C 的形式存在

(C)以絮状石墨的形式存在　　　　　　(D)以球状石墨的形式存在

16. 下列有关高温回火描述正确的是(　　)。

(A)回火后得到回火索氏体,硬度在 25～35HRC

(B)回火后得到回火屈氏体,硬度在 35～45HRC

(C)回火后得到回火马氏体,硬度在 58～65HRC

(D)回火后得到平衡组织铁素体＋珠光体 硬度在 40～55HRC

17. 下列合金结构钢描述正确的是(　　)。

(A)合金工具钢钢号的两位数表示该合金工具钢中碳的百分数含量

(B)合金工具钢钢号的两位数表示该合金工具钢中碳的千分数含量

(C)合金工具钢钢号的两位数表示该合金工具钢中碳的万分数含量

(D)合金工具钢钢号的两位数表示该合金工具钢中其他元素的百分数含量

18. 铬是使不锈钢获得耐蚀性的基本元素,当钢中含铬量达到(　　)左右时,铬与腐蚀介质中的氧作用,在钢表面形成一层很薄的氧化膜,可阻止钢的基体进一步腐蚀。

(A)14%　　　　(B)18%　　　　(C)20%　　　　(D)17%

19. 铝合金的时效强化效果和(　　)有关。

(A)强化温度　　　　　　　　　　　(B)强化能耗

(C)强化温度和保温时间　　　　　　(D)保温时间

20. 铜只有通过冷加工并经随后加热才能使晶粒细化,而铁则不需冷加工,只需加热到一定温度即可使晶粒细化,其原因是(　　)。

(A)铁总是存在加工硬化,而铜没有

(B)铜有加工硬化现象,而铁没有

(C)铁在固态下有同素异构转变,而铜没有

(D)铁和铜的再结晶温度不同

21. σ-Fe 是具有(　　)晶格的铁。

(A)体心立方　　　(B)面心立方　　　(C)密排六方　　　(D)无规则几何形状

22. 下列关于低合金钢的说法不正确的是(　　)。

(A)加入少量的稀有元素主要是为了脱硫、除去气体

(B)合金中加入 Mn 和 Si 主要是为了强化铁素体

(C)合金中的 Cu 和 P 可以提高钢的耐腐蚀性

(D)合金中加入 V、Ti、Nb 的作用是为了减轻合金质量

23. 下列不属于工具钢的是(　　)。

(A)碳素工具钢　　　(B)合金刃具钢　　　(C)量具钢　　　(D)不锈钢

24. 下列不属于特殊性能钢的是(　　)。

(A)不锈钢　　　(B)耐热钢　　　(C)量具钢　　　(D)耐磨钢

25. 下列属于热喷涂技术的是(　　)。

(A)感应加热表面淬火　　　　　　(B)激光加热表面淬火

(C)粉末火焰喷涂　　　　　　　　　　(D)电弧切割

26. 下列有关橡胶的说法不正确(　　)。

(A)橡胶是高分子化合物为基础的具有显著高弹性的材料

(B)橡胶具有良好的耐磨性、绝缘性、隔音性和阻尼性

(C)合成橡胶是通过人工合成制得的

(D)橡胶的伸缩性和积储能量的能力较差

27. 下列有关链传动说法错误的是(　　)。

(A)品均链速和品均传动比是常数

(B)链传动的瞬时传动比和链速为常数

(C)链速的变化成周期性

(D)链轮转过一个链节,对应链速度变化的一个周期

28. 要达到IT6-IT5精度应该使用何种加工方式(　　)。

(A)磨削加工　　　(B)铣削加工　　　(C)刨削加工　　　(D)车削加工

29. 下列属于形状精度的是(　　)。

(A)尺寸公差　　　(B)平行度　　　　(C)平面度　　　　(D)垂直度

30. 按照经典零件的加工过程下列不属于加工阶段的过程的是(　　)。

(A)粗加工阶段　　　(B)半精加工阶段　　　(C)精华加工阶段　　　(D)热处理强化阶段

31. 下列有关液体压力说法错误的是(　　)。

(A)大部分液体压力使用油是因为油几乎是不可压缩的

(B)油也可以在液压系统中起润滑作用

(C)施压在密闭液体上的压力丝毫不减地向各个方向传递

(D)液压杠杆不能说明帕斯卡定律的内容

32. 下列磨料中属于天然磨料的是(　　)。

(A)立方氮化硼　　　(B)石英　　　　(C)氧化铬　　　　(D)玻璃粉

33. 下列关于各种砂轮说法不正确的是(　　)。

(A)棕刚玉砂轮:棕刚玉的硬度高,韧性大,适宜磨削抗拉强度较高的金属,如碳钢、合金钢、可锻铸铁、硬青铜等,这种磨料的磨削性能好,适应性广,常用于切除较大余量的粗磨,价格便宜,可以广泛使用

(B)白刚玉砂轮:白刚玉的硬度略高于棕刚玉,韧性则比棕刚玉低,在磨削时,磨粒容易碎裂,因此,磨削热量小,适宜制造精磨淬火钢、高碳钢、高速钢以及磨削薄壁零件用的砂轮,成本比棕刚玉高

(C)黑碳化硅砂轮:黑碳化硅性脆而锋利,硬度比白刚玉高,适于磨削机械强度较低的材料,如铸铁、黄铜、铝和耐火材料等

(D)微晶刚玉砂轮:适于磨削奥氏体不锈钢、钛合金、耐热合金,特别适于重负荷磨削

34. 下列不属于砂轮磨料的是(　　)。

(A)刚玉　　　　　(B)聚乙烯　　　　(C)硬质碳化物　　　(D)玻璃粉

35. 下列说法错误的是(　　)。

(A)进给运动指由机床或人力提供的主要运动,它促使刀具和工件之间产生相对运动

(B)切削运动中主运动速度最高消耗功率最大

(C)主运动只有一个,而进给运动可能有多个

(D)工件上由切削刃形成的那部分表面叫做过渡表面

36.下列不属于切削用量要素的是(   )。

(A)切削速度   (B)进给量   (C)背吃刀量   (D)切削宽度

37.下列说法错误的是(   )。

(A)游标量具使用主尺部分来估读小数部分

(B)根据游标零线所处位置读出主尺在游标零线前的整数部分的读数值

(C)判断游标上第几根线与主尺上的刻线对齐,然后乘以该游标量具的分度值即可得到
     小数部分的读数

(D)最后将整数部分的读数值与小数部分的读数值相加即为测量结果

38.下列说法错误的是(   )。

(A)测量前,将卡尺的测量面用软布擦干净后使两个量爪合拢进行检查,滑动是否灵活自
     如、漏光检查和示值误差检查

(B)测量时量爪位置要摆正,不能歪斜;并保持合适的测量力

(C)读数时先注意尺框上的分度值标记,以免读错小数值产生误差,并且视线应与尺身表
     面垂直,避免产生视觉误差

(D)用游标卡尺可以测量工件的垂直度

39.下列说法错误的是(   )。

(A)测微螺杆的轴线应垂直零件被测表面,转动微分筒接近工件被测工作表面,再转动测
     力装置上的棘轮使测微螺杆的测量面接触工件表面。避免损坏螺纹传动副

(B)可以使用螺旋测微器测量较为精密的毛坯工件

(C)读数时有必要取下时使用锁紧装置,防止尺寸变动产生测量误差;读数时看清整数部
     分和 0.5 mm 的刻线

(D)不能测量毛坯和转动的工作

40.下列关于百分表说法错误的是(   )。

(A)测量时测量杆应垂直零件被测平面,测量圆柱面的直径时测量杆的中心线要通过被
     测圆柱面的轴线

(B)测量头开始与被测表面接触时,测量杆应下压 0.5 mm 左右,以保持一定的初始测
     量力

(C)百分表的测量杆移动 1 mm,通过齿轮传动系统使大指针回转半周

(D)移动工件时应提起测量头避免损坏量仪

41.下列关于夹具的六点定位原理说法错误的是(   )。

(A)工件在空间具有六个自由度,即沿 x、y、z 三个直角坐标轴方向的移动自由度和绕这
     三个坐标轴的转动自由度

(B)要完全确定工件的位置,就必须消除这六个自由度,通常用六个支承点(即定位元件)
     来限制工件的六个自由度

(C)工件的六个自由度全部被夹具中的定位元件所限制,而在夹具中占有完全确定的唯
     一位置,称为完全定位

(D)在零件加工中,部分加工零件可以采用欠定位的定位方式

42. 下列不属于数控机床刀具特点的是( )。

(A)精度高　　　　(B)可靠性高　　　　(C)换刀迅速　　　　(D)通用性强

43. 下列不属于数控机床涉及的基础技术的是( )。

(A)原子晶体震颤技术　　　　　　　　(B)精密机械技术

(C)计算机及信息处理技术　　　　　　(D)精密检测和传感技术

44. 下列不属于数控机床的加工特点的是( )。

(A)加工精度高、质量稳定　　　　　　(B)加工生产效益高

(C)同批零件加工尺寸一致性差　　　　(D)有利于生产管理

45. 下列关于 M98 解释正确的是( )。

(A)冷却液开　　　(B)程序结束　　　(C)换刀指令　　　(D)调用子程序

46. 机床坐标系遵从右手法则,在右手法则中,食指的方向为( )。

(A)X 方向　　　(B)Y 方向　　　(C)Z 方向　　　(D)B 方向

47. 数控机床中按机床工艺分类,加工中心属于( )。

(A)电控制系统　　　　　　　　　　　(B)直线控制系统

(C)曲面控制系统　　　　　　　　　　(D)轮廓控制系统

48. 开环控制数控机床说法错误的是( )。

(A)开环控制系统是指带反馈装置的机构

(B)通常使用步进电机为伺服执行机构

(C)系统通过脉冲等形式控制丝杠运动

(D)移动部分的移动速度与位移量是由输入脉冲的频率和脉冲数所决定的

49. 下列不属于 G 准备功能规定范畴的是( )。

(A)刀具和工件的相对运动轨迹　　　　(B)机床坐标系

(C)刀具补偿　　　　　　　　　　　　(D)主轴旋转方向

50. 下列关于数控机床说法不正确的是( )。

(A)按加工工艺可以将数控机床分为金属切削类,金属成型类,特种加工类,绘图测量类

(B)数控机床主要由控制介质、数控装置、伺服机构和机床四个基础部分

(C)按伺服控制方式分类可分为手动控制、和自动控制

(D)按控制系统功能分类可分为点位控制数控机床、点位直线控制数控机床、轮廓控制数控机床

51. 数控车床运行,故障诊断与维修说法错误的是( )。

(A)突然断电或紧急停车易引起刀位参数的更改

(B)应在数控车床断电的情况下对数控车床的电池进行更换

(C)数控车床润滑泵过滤器应定期清洗

(D)为了减少车床发热应有合适的排屑装置

52. 下列属于划线工具中的基准工具( )。

(A)方箱　　　(B)样冲　　　(C)千斤顶　　　(D)游标卡尺

53. 下列关于锉销加工正确的是( )。

(A)半精加工时,在细锉上涂上粉笔灰,让其容屑空间减少,这样可以使锉刀既保持锋利,又避免容屑槽中的积屑过多而划伤工件表面

(B)在锉削操作中,向前推时用力,往后时轻抬拉回,避免锉刀刀刃后角磨损和划伤已加工面,提高锉刀寿命

(C)锉削时切忌用油石和砂布

(D)为了避免人为误差,加工余量可以大于 0.5 mm

54. 关于铰孔加工下列说法不正确的是(　　)。

(A)铰孔前,孔的表面粗糙度 Ra 的值要小于 3.2 μm

(B)铰孔不能修正孔的直线度误差,一般铰孔前都需车孔

(C)铰孔前一般先车孔或扩孔,并留出铰孔余量,余量的大小不影响铰孔质量

(D)铰孔前,必须调整尾座套筒的轴线,使之与主轴轴线重合,同轴度最好在 0.02 mm以内

55. 下列关于传动螺纹说法错误的是(　　)。

(A)梯形螺纹:牙型角为 30°,牙型为等腰梯形,代号为 Tr,它是传动螺纹的主要形式,如:机床丝杠等

(B)矩形螺纹:主要用于力传递,其特点是传动效率较其他螺纹较高,但强度较大,因此应用受到一定限制

(C)锯齿形螺纹:其牙型锯齿形,代号为 B。他只用于承受单向动力,由于它的传动效率及强度比梯形螺纹高,常用于螺旋压力机及水压机等单向受力机构

(D)模数螺纹:牙型角为 55°,常用于水气油管等防泄漏要求场合

56. 下列关于螺纹磨削说法不正确的是(　　)。

(A)螺纹磨削主要用于在螺纹磨床上加工淬硬工件的精密螺纹

(B)按砂轮截面形状不同分单线砂轮和多线砂轮磨削两种

(C)单线砂轮磨削能达到的螺距精度为 5~6 级,表面粗糙度为 Ra 1.25~0.08 μm,砂轮修整较方便

(D)研磨的方法不适用于淬硬的内螺纹

57. 下列不属于二极管符号的是。(　　)

(A)　　　　　(B)　　　　　(C)　　　　　(D)

58. 下列关于万用表的使用说法错误的是(　　)。

(A)测量电阻时,不要用手触及元件的裸体的两端

(B)万用表测电压和电流是应先用最高挡在选用合适的挡位来测试

(C)测试电压和电流时所选用的挡位越接近被测值测量的数值就越精确

(D)万用表不用时不应旋在电阻挡

59. 下列说法错误的是(　　)。

(A)熔体额定电流不能超过熔断器的额定电流的 13%

(B)熔体额定电流大于或等于该支路的实际最大负荷电流,但应小于支路中最细导线的安全电流。对照明等负载,熔体的额定电流应略大于或等于负载电流,并应考虑躲过路灯的启动电流

(C)熔断器的最大分断能力应大于被保护线路上的最大短路电流

(D)根据负荷性质确定熔断器类型

60. 下列关于万用表说法错误的是(　　)。

(A)测量电阻时,如将两支表棒短接,调"零欧姆"旋钮至最大,指针仍然达不到 0 点,这种现象通常是由于表内电池电压不足造成的,应换上新电池方能准确测量

(B)万用表不用时,不要旋在电阻挡,因为内有电池,如不小心易使两根表棒相碰短路,不仅耗费电池,严重时甚至会损坏表头

(C)测量直流电压和直流电流时,注意"+""-"极性,不要接错。如发现指针开反转,既应立即调换表棒,以免损坏指针及表头

(D)如果不知道被测电压或电流的大小,应先用最高挡,所测的数据不影响精确度

61.(　　)不是伺服系统的驱动元件。
(A)步进电机　　　(B)电动机　　　(C)直流伺服电机　　　(D)交流伺服电机

62. 在控制线路中,速度继电器所起到的作用是(　　)。
(A)过载保护　　　(B)过压保护　　　(C)欠压保护　　　(D)速度检测

63. 下列属于间接接触触电的是(　　)。
(A)单相触电　　　(B)两相触电　　　(C)单相触电　　　(D)电弧伤害

64. 在低压电器中,用于短路保护的电器是(　　)。
(A)过电流继电器　　　(B)熔断器　　　(C)热继电器　　　(D)时间继电器

65. 在机械产品寿命周期的各环节中,决定机器产品安全性的最关键环节是(　　)。
(A)设计　　　(B)制造　　　(C)使用　　　(D)维修

66. 下列有关环境保护保护说法错误的是(　　)。
(A)环境保护规划应当与全国主体功能区规划、土地利用规划和城乡规划等相衔接
(B)环境保护规划应当坚持保护优先、预防为主、综合治理、突出重点、全面推进的原则
(C)环境标准与环境保护目标相衔接,制定国家环境质量标准
(D)环境保护标准的制定应该建立在现有资源数的基础上

67. 工业生产的三废不包括(　　)。
(A)废水　　　(B)废气　　　(C)废渣　　　(D)工业恶臭物

68. 下列不属于 TI190000 族标准和组织卓越模式提出的质量管理系方案所提出的共同要求是(　　)。
(A)使组织能够识别它的强项和弱项
(B)包含对照通用模式进行评价的规定
(C)组织不断变化的需求
(D)包含外部承认的规定

69. 组织应编制和保持质量手册,质量手册不包括(　　)。
(A)质量管理体系的范围,包括任何删减的细节和正当的理由
(B)每一个职工应该享受的福利待遇
(C)为质量管理体系编制的形成文件的程序或对其引用
(D)质量管理体系过程之间的相互作用的表述

70. 下列不属于最高管理者应确保质量的方针项是(　　)。
(A)与组织的宗旨相适应
(B)质量方针的持续适应性要得到评审
(C)提供制定和评审质量目标的框架

(D)使不合格产品满足预期用途而对其采取的措施

71. 在装配图中,对于紧固件及轴、销等实心零件,若按纵向剖切,且剖切面通过其对称平面时,则这些零件按(　　)。

(A)剖　　　　　　(B)不剖　　　　　　(C)阶梯剖　　　　　　(D)局剖

72. 在装配图中相邻两零件的剖面线应(　　)。

(A)方向相同或间隔不同,方向一致

(B)方向相同或间隔相同,方向一致

(C)方向相反或间隔相同,方向一致

(D)方向相反或间隔不同,方向一致

73. 在机械装配图上应标注特性尺寸、装配尺寸、(　　)、安装尺寸和其他重要尺寸。

(A)整体尺寸　　　(B)工艺尺寸　　　(C)工序尺寸　　　(D)定位尺寸

74. 需要表示装配体与相邻零件的关系或夹具中工作的位置时,可用(　　)画出该轮廓。

(A)点划线　　　(B)双点划线　　　(C)虚线　　　(D)细实线

75. 大型复杂零件的安装基面一般为零件的(　　),工艺凸台或支承架。

(A)底面　　　　　　　　　　　(B)孔

(C)精度要求最高的平面　　　　　(D)精度要求最高的孔

76. 大型零件的结构特征是工件的外形尺寸大、(　　)和加工工作量大。

(A)平面大　　　(B)形状复杂　　　(C)加工余量大　　　(D)孔径大

77. 大型复杂零件安装时,一般是将零件的(　　)作为安装基面,以安装平稳、可靠作为主要原则。

(A)内孔面　　　(B)台阶面　　　(C)底平面　　　(D)外圆面

78. 大型复杂工件在加工时往往要减少(　　)及加工误差,故一次安装后能完成多次甚至全部加工。

(A)切削次数　　　(B)装夹次数　　　(C)定位次数　　　(D)换刀次数

79. 箱体安装在镗模上,采用一面双销定位,属于(　　)。

(A)完全定位　　　(B)不完全定位　　　(C)过定位　　　(D)欠定位

80. 专用夹具的基本要求是正确选择定位基准、定位方法和定位元件,尽可能采用快速高效、操作方便、便于排屑和(　　)。

(A)互换　　　(B)通用　　　(C)加工　　　(D)加工、检验、装配

81. 组合夹具是由各种(　　)元件拼装组合而成的。

(A)专用　　　(B)可调　　　(C)标准　　　(D)特殊

82. 组合夹具组装后,需进行检测,检测夹具的总装精度时,应以积累误差(　　)为原则来选择测量基准。

(A)最大　　　(B)最小　　　(C)最正　　　(D)最负

83. 在坐标镗床上检验斜孔坐标位置与检验斜孔角度时,工件的装夹、找正方法(　　)。

(A)相同　　　(B)相反　　　(C)相似　　　(D)不同

84. 在镗床上加工带角度的大平面时,把这个面的基线与主轴线校正(　　),压紧工件后就可以铣削。

(A)垂直　　　(B)平行　　　(C)重合　　　(D)相交

85. 微调镗刀镗杆,其(　　)调整方便、精确、使用可靠、调节范围大,可加工直径 $\phi180\sim$ $\phi200$ 范围内的孔。

　　(A)精度尺寸　　　　(B)角度尺寸　　　　(C)长度尺寸　　　　(D)直径尺寸

86. 单刃机夹硬质合金铰刀从结构上可以看作是带引导的镗刀,切削速度可达到 $18\sim$ 80 m/min,孔的精度可达(　　)级。

　　(A)H5～H6　　　　(B)H6～H7　　　　(C)H7～H8　　　　(D)H8～H9

87. 小直径深孔镗刀要尽量(　　),刀杆与刀柄要有较高的同轴度,并采用整体硬质合金制造。

　　(A)粗而短　　　　(B)短而细　　　　(C)细而长　　　　(D)粗而长

88. 大直径深孔的镗削可采用具有(　　)引导功能的刀杆,还可以用微调双刃镗刀。

　　(A)左　　　　　　(B)右　　　　　　(C)前　　　　　　(D)后

89. 非圆曲线的二维节点的计算方法包括等间距法、(　　)和等误差法。

　　(A)等弦长法　　　　(B)等弧长法　　　　(C)等角度法　　　　(D)等半径法

90. 计算非圆曲线节点坐标时,必须已知曲线的方程(　　)。

　　(A)等弦长法　　　　(B)等误差法　　　　(C)等角度法　　　　(D)等弧长法

91. 在数控加工中,各种非圆曲线必须用(　　)段通近它,求出节点坐标,编制逼近线段的加工程序。

　　(A)直线　　　　　　(B)拆线　　　　　　(C)圆弧　　　　　　(D)直线或圆弧

92. 用户宏程序的调用方法除了通过 M98 指令调用外,还包括通过(　　)指令调用。

　　(A)G65 和 G66　　(B)G64 和 G65　　(C)G66 和 G67　　(D)G67 和 G68

93. 机床运转(　　),以维修工人为主,操作工人参加,在排定时间进行一次包括修理内容的二级保养。

　　(A)0.5 年　　　　　(B)1 年　　　　　　(C)1.5 年　　　　　(D)2 年

94. 数控系统显示信息内容为伺服故障,产生原因为伺服驱动器及(　　)工作不正常,需检修伺服系统。

　　(A)存贮器　　　　　(B)主轴　　　　　　(C)电机　　　　　　(D)电力不足

95. 防止空气浸入油液中的方法是及时更换不良的(　　),经常检查管接头及液压元件的连接处并及时将松动的螺帽拧紧等。

　　(A)密封件　　　　　(B)滤泡网　　　　　(C)油液　　　　　　(D)元件

96. 加工双斜孔时,万能转台需经(　　)次旋转,才能将双斜孔轴线调整到可镗削的位置上。

　　(A)1　　　　　　　(B)2　　　　　　　(C)3　　　　　　　(D)4

97. 在有回转工作台的万能镗床上加工轴线与安装基准面处于相交位置的斜孔时,工件可以通过(　　),再安装在工作台上加工。

　　(A)划线找正　　　　(B)专用夹具找正　　(C)坐标计算　　　　(D)角铁

98. 加工空间斜孔时,一般工艺孔应选在与基准面(　　)孔的轴线上。

　　(A)尺寸精度要求高的　　　　　　　　(B)位置精度要求最高的

　　(C)位置精度要求较低的　　　　　　　(D)尺寸精度要求最高的

99. 薄壁工件由于壁薄、刚性差,为了保证薄壁工件的加工精度和(　　),在镗削各孔时应按粗精分开的原则进行。

(A)表面粗糙度　　　(B)形状精度　　　　(C)位置精度　　　　(D)尺寸精度

100. 若工件孔壁较薄,孔的深度又不大,宜采用(　　)来进行镗削加工。

(A)调头镗削法　　　(B)镗模法　　　　　(C)悬伸镗削法　　　(D)支承镗削法

101. 对形状复杂的薄壁工件来说,一般选取面积最大,而且与各镗削孔有位置精度要求的平面为该工件的主要(　　)。

(A)加工面　　　　　(B)定位基准面　　　(C)辅助面　　　　　(D)压紧面

102. 在采用平旋盘加工阶梯孔阶台时,可利用磁力表座装刀控制(　　),确保孔深的加工精度。

(A)切削速度　　　　(B)进给量　　　　　(C)背吃刀量　　　　(D)切削量

103. 在加工同一轴线上两个以上的阶梯孔,而且孔与孔之间的同轴度要求较高时,宜用(　　)镗孔。

(A)悬伸镗　　　　　(B)支承镗　　　　　(C)窜位镗　　　　　(D)长镗杆与尾座联合

104. 当成批和大量生产时,箱体零件同轴孔系的加工一般采用(　　)加工。

(A)镗模　　　　　　(B)窜位法　　　　　(C)坐标法　　　　　(D)划线找正法

105. 在镗削平行孔系时,图样上标注的坐标尺寸是极坐标时,应以(　　)孔为原点,换算成直角坐标尺寸。

(A)任选　　　　　　(B)原始　　　　　　(C)直径最小　　　　(D)直径最大

106. 在成批生产中,常采用镗模法来加工平行孔系,其特点是平行孔系的孔距精度是由(　　)的精度来控制。

(A)镗床　　　　　　(B)镗模　　　　　　(C)夹具　　　　　　(D)刀具

107. 镗模法常用于在组合机床、专用镗床和卧式镗床上镗削箱体零件上(　　)的孔。

(A)斜孔　　　　　　(B)同轴孔系　　　　(C)平行孔系　　　　(D)圆锥面上

108. 蜗杆蜗轮箱体孔系属(　　)孔系。

(A)平行　　　　　　(B)同轴　　　　　　(C)垂直交叉　　　　(D)空间相交

109. 阶梯孔的加工包括孔及阶台平面,其控制尺寸为(　　)。

(A)孔深　　　　　　(B)孔径　　　　　　(C)孔深与孔径　　　(D)孔深与平面

110. 在有直孔和斜孔的工件上,工艺基准孔一般选在(　　)与位置精度要求高的直孔的轴线上。

(A)基准面　　　　　(B)加工面　　　　　(C)直孔　　　　　　(D)斜孔

111. 对于孔轴线相交或交叉平行于安装基面的孔,可利用机床的回转工作台旋转进行找正,当垂直度要求较高时,用(　　)配合找正。

(A)卡尺　　　　　　(B)卷尺　　　　　　(C)百分表　　　　　(D)三角尺

112. 在镗削空间相交孔系箱体时,常将工件的安装基准面作为镗孔加工工序的(　　)。

(A)主要定位基准面　(B)辅助基准　　　　(C)导向面　　　　　(D)工序基准

113. 空间相交孔系中,孔轴线之间的夹角精度一般由回转工作台的(　　)来保证。

(A)旋转速度　　　　(B)分度精度　　　　(C)大小　　　　　　(D)都不对

114. 空间相交孔系的技术要求除孔自身的精度要求外,还要保证相交轴线的(　　)。

(A)角度与孔距要求　(B)角度要求　　　　(C)孔距要求　　　　(D)粗糙度要求

115. 用于精密传动的螺旋传动形式是（　　）。
(A)普通螺旋传动　　(B)差动螺旋传动　　(C)直线螺旋传动　　(D)滚珠螺旋传动

116. 为保证斜孔精度要求,须对万能转台倾斜角度作进一步调整,其调整方法有转台倾斜角度调整法和（　　）。
(A)直角坐标计算法　　　　　　　　(B)转台参数测量计算法
(C)正弦尺调整法　　　　　　　　　(D)定位球调整法

117. 采用万能刀架镗削孔的端平面时,镗刀的副偏角应（　　）,以避免后刀面与已加工表面发生摩擦。
(A)等于4°　　　　(B)大于4°　　　　(C)小于4°　　　　(D)都不对

118. 通用单刃弯头镗铣刀通常装在连接平旋盘的刀杆上,用来铣削较大的平面,常用（　　）单刃弯头镗刀可作为铣刀使用。
(A)90°、70°、40°　　　　　　　　(B)90°、75°、40°
(C)92°、75°、40°　　　　　　　　(D)92°、75°、45°

119. 铣削斜平面时,一般选择与斜面有（　　）要求的平面作为主要定位基准面。
(A)尺寸精度　　　(B)垂直度　　　(C)平行度　　　(D)倾斜度

120. 箱体零件有较大的平面,而孔系加工要求又较高,需经多次安装才能完成,所以箱体在加工中（　　）选择是一个关键。
(A)粗基准　　　(B)精基准　　　(C)定位基准　　　(D)辅助基准

121. 箱体毛坯形状较复杂、铸造内应力较大,为了消除内应力,减少加工后的变形,保持精度稳定,需进行（　　）。
(A)淬火处理　　　(B)回火处理　　　(C)时效处理　　　(D)正火处理

122. 在加工中心机床上,一般箱体工件（　　）次安装可加工平面、粗、精镗、钻孔、扩孔、倒角等多道工序。
(A)1　　　　(B)2　　　　(C)3　　　　(D)4

123. 陶瓷材料具有熔点高、耐高温、硬度高、耐磨损、耐氧化和腐蚀,以及重量轻、强度高等优良性能。但也存在（　　）能力差,易发生脆性破坏和不易加工成型的缺点。
(A)弹性变形　　　(B)塑性变形　　　(C)抗蠕变　　　(D)抗弯曲

124. 不锈钢是指含（　　）12%以上的耐腐蚀合金钢。
(A)Mn　　　　(B)Si　　　　(C)Cr　　　　(D)Ni

125. 淬火钢材料镗削加工时,刀具材料一般选用（　　）或新牌号硬质合金材料。
(A)高速钢　　　(B)工具钢　　　(C)方氮化硼　　　(D)陶瓷

126. 镗削不锈钢时,主偏角的大小与工艺系统的刚性有关,主偏角选取原则是:当工艺系统刚性好时,主偏角可取小些,其数值为（　　）。
(A)20°　　　　(B)30°　　　　(C)40°　　　　(D)50°

127. 在采用配圆工艺加工不完整孔时,为保证加工精度,必须使所用的材料在（　　）,加工性能、装夹刚性等方面与工件原材料尽量相同。
(A)强度　　　(B)硬度　　　(C)韧性　　　(D)刚性

128. 镗削缺圆孔时,切削过程是断续的,在切削过程中,刀具受到的切削力是（　　）的。
(A)均衡　　　(B)增大　　　(C)减小　　　(D)不均衡

129. 内径百分表由表架、百分表和测头等组成,利用(　　)传动将被测工件尺寸数值的变化放大后,通过读数装置表示出来。
(A)机械　　　(B)电信号　　　(C)液压　　　(D)气动

130. 内径百分表测量时,测头轴线应与被测孔径(　　),用手握住表架,并做小幅度的摆动找出最小值,即为被测直径。
(A)同轴　　　(B)平行　　　(C)斜交　　　(D)垂直

131. 电感深孔测径仪是一种用(　　)测量深孔直径尺寸和形状误差的精密电动测微仪。
(A)直接法　　　(B)比较法　　　(C)间接法　　　(D)弦高法

132. 正弦规的两个圆柱的直径相同,其中心距要求精确,一般有 100 mm 和(　　)两种,中心连线要与长方体平面严格平行。
(A)150 mm　　　(B)200 mm　　　(C)250 mm　　　(D)300 mm

133. 在正旋规上安装测量工件时,要利用前挡板和侧挡板定位,尽量减少(　　)。
(A)定位误差　　　(B)测量误差　　　(C)系统误差　　　(D)随机误差

134. 正弦规的适用范围不正确的是(　　)。
(A)正弦规一般用于测量小于 45°的角度
(B)在测量小于 30°的角度时,精确度可达 3″~5″
(C)在测量小于 45°的角度时,精确度可达 3″~5″
(D)正弦规是配合使用量块按正弦原理组成标准角

135. 正旋规是根据(　　)函数原理,利用间接法测量角度的量具。
(A)余弦　　　(B)正旋　　　(C)余切　　　(D)正切

136. 球形检具法与在辅助块上设立工艺基准孔的方法(　　)。
(A)相反　　　(B)完全相同　　　(C)基本相同　　　(D)完全不同

137. 球形检具是用球形检具代替工艺基准孔,以球形体为(　　)进行加工和测量。
(A)中心　　　(B)轴心　　　(C)基准　　　(D)导向

138. 工艺基准的选择包括粗基准的选择、精基准的选择和(　　)基准的选择。
(A)机床　　　(B)定位　　　(C)刀具　　　(D)辅助

139. 用工艺孔对斜孔的角度进行检验是一种(　　)的检验方法。
(A)直接　　　(B)过渡　　　(C)间接　　　(D)交叉

140. 采用工艺孔检验斜孔坐标位置时,测量棒与孔的配合间隙一般控制在(　　)mm为宜。
(A)0.01~0.005　　　(B)0.001~0.003　　　(C)0.003~0.005　　　(D)0.005~0.008

141. 在坐标镗床上检验斜孔,由于坐标镗床的角度分度和坐标测量精度都很高,所以(　　)较小。
(A)系统误差　　　(B)定位误差　　　(C)测量误差　　　(D)计算误差

142. 检验两孔的垂直度误差可在心棒上安装千分表,然后将心棒旋转(　　),即可测量出在长度上的垂直度误差。
(A)90°　　　(B)180°　　　(C)240°　　　(D)360°

143. 将心轴装入孔内,心轴上装上千分表,旋转心轴,即可测量出孔轴线与端面的(　　)误差。

(A)平行度　　　　(B)倾斜度　　　　(C)垂直度　　　　(D)同轴度

144. 针描法又称感触法,测量表面粗糙度 Ra 值的范围是(　　)μm。
(A)0.01～1　　(B)0.01～10　　(C)0.001～0.1　　(D)0.001～0.01

145. 三爪内径千分尺不适合测量表面粗糙度 Ra 值大于(　　)的孔以及非圆表面。
(A)0.4 μm　　(B)0.8 μm　　(C)1.6 μm　　(D)3.2 μm

146. 在镗孔时工作台的回转误差和主轴回转轴线与纵向导轨和(　　)误差均可引起垂直度误差。
(A)平面度　　(B)直线度　　(C)平行度　　(D)同轴度

147. 当机床主轴带动刀具旋转时,时刻改变着切削方向,因此主轴的旋转精度越低,被加工孔的(　　)误差越大,被加工平面的平面度越差。
(A)直线度　　(B)圆柱度　　(C)圆度　　(D)同轴度

148. 在卧式镗床上用悬伸镗法镗孔时,镗轴的悬伸量越长,镗轴的刚度就越低,造成的(　　)就越大。
(A)锥度误差　　(B)角向漂移　　(C)圆度误差　　(D)同轴度误差

149. 在镗削平行孔系时,镗床在内、外部热源的作用下,使主轴及床身等温度上升产生变形,致使主轴产生倾斜或偏移,会造成孔的(　　)。
(A)锥度误差　　(B)平行度误差　　(C)圆度误差　　(D)同轴度误差

150. 在用模镗镗孔时,镗模套的磨损将增大镗模与镗杆间的间隙,从而增大了(　　)。
(A)锥度误差　　(B)平行度误差　　(C)圆度误差　　(D)孔径误差

151. 找正法装夹工件时,工件正确位置的获得是通过找正达到,夹具只是起到(　　)作用。
(A)定位工件　　(B)夹紧工件　　(C)减少工件变形　　(D)减少误差

152. 用镗刀镗孔时,孔的表面粗糙度可达(　　)。
(A)$Ra3.2～Ra0.8\ \mu m$　　　　(B)$Ra3.2～Ra1.8\ \mu m$
(C)$Ra3.0～Ra1.0\ \mu m$　　　　(D)$Ra3.4～Ra1.8\ \mu m$

153. 在加工大、重型零件时,应首先考虑以工件上(　　)的平面作为安装基准。
(A)最小　　(B)最大　　(C)任意　　(D)指定

154. 镗削大型、复杂零件时,装夹、压紧位置应力求使压点对准(　　)。
(A)定位基准面　　　　　　　　(B)工件的被加工部位
(C)工件上最大的平面　　　　　(D)坐标系原点

155. 单刃镗刀刀具调整时,根据刻度线粗调刀座,使刀尖尺寸小于要加工尺寸(　　)左右。
(A)0.2 mm　　(B)0.3 mm　　(C)0.4 mm　　(D)0.5 mm

156. 大修后的的电力变压器,在做冲合闸实验时,应冲击(　　)。
(A)1 次　　(B)2 次　　(C)3 次　　(D)5 次

157. 新安装的电力变压器,在做冲合闸实验时,应冲击(　　)。
(A)1 次　　(B)2 次　　(C)3 次　　(D)5 次

158. 在排除坐标镗床工作台滑座进给失灵现象时,可重新调整齿条副啮合间隙,保证在(　　)范围内。

(A)0.05～0.10 mm   (B)0.03～0.10 mm

(C)0.03～0.05 mm   (D)0.05～0.15 mm

159. 夹具主要根据（　　）确定。

(A)零件精度　　　　(B)生产类型　　　　(C)加工方法　　　　(D)零件的结构

160. 通孔镗刀是镗通孔用的普通镗刀，一般主偏角为（　　）。

(A)45°～75°　　　　(B)40°～70°　　　　(C)50°～75°　　　　(D)45°～60°

161. 不通孔镗刀是镗台阶孔和不通孔用的镗刀，其主偏角（　　）。

(A)大于 90°　　　　(B)小于 90°　　　　(C)等于 95°　　　　(D)小于 85°

162. 加工钢件时，一般选用（　　）。

(A)煤油　　　　(B)乳化液　　　　(C)低压切削液　　　　(D)含硫的切削液

163. 加工较深、窄的敞开式直角矩形沟槽时盘形槽铣刀的直径应（　　）。

(A)大于轴垫圈的直径   (B)大于轴垫圈的直径加上两倍的沟槽深度

(C)等于两倍的沟槽深度   (D)等于轴垫圈的直径加上两倍的沟槽深度

164. 在数控镗床上铣削平面时，铣削余量不能太大，一般为（　　）。

(A)0～2 mm　　　　(B)1～2 mm　　　　(C)1～3 mm　　　　(D)2～3 mm

165. 在数控镗床上铣削平面时，刀具装夹应牢靠，锥轴的配合粗糙度要高，配合面的接触面积应（　　）。

(A)大于 70%　　　　(B)大于 75%　　　　(C)大于 80%　　　　(D)大于 85%

166. 硬质合金材料耐热性好，当切削温度达到（　　）时仍能保持良好的使用性能。

(A)600 ℃～800 ℃   (B)600 ℃～900 ℃

(C)700 ℃～900 ℃   (D)800 ℃～1 000 ℃

167. 交叉孔系检测即检测交叉孔系各孔轴线的（　　）。

(A)平行度误差　　　　(B)垂直度误差　　　　(C)倾斜度误差　　　　(D)平面度误差

168. 精加工分离式箱体底座的对合面时，应以（　　）为精度基准。

(A)对合面　　　　(B)顶面　　　　(C)底面　　　　(D)任意面

169. 镗削垂直孔时，（　　）适用于无回转工作台的镗床上。

(A)回转法　　　　(B)心轴找正法　　　　(C)调头镗削法　　　　(D)悬伸法

170. 液压系统常用压力控制回路中，用于使系统的分支油路具有较低而稳定的压力的是（　　）。

(A)调压回路　　　　(B)减压回路　　　　(C)增压回路　　　　(D)平衡回路

171. 液压系统常用压力控制回路中，（　　）用于消除或减小因突然变速或换向时形成的液压冲击。

(A)缓冲回路　　　　(B)减压回路　　　　(C)卸荷回路　　　　(D)平衡回路

172. 正弦规主体工作面、圆柱工作面、挡板工作面的硬度分别不得小于（　　）。

(A)664 HV、712 HV、478 HV   (B)664 HV、478 HV、712 HV

(C)712 HV、664 HV、478 HV   (D)478 HV、712 HV、664 HV

173. 正弦规主体工作面的粗糙度 Ra 的最大允许值为（　　）。

(A)0.04 μm　　　　(B)0.08 μm　　　　(C)1.15 μm　　　　(D)1.25 μm

174. 正弦规圆柱工作面的表面粗糙度 Ra 的最大允许值为（　　）。

(A)0.04 μm　　　　(B)0.08 μm　　　　(C)1.15 μm　　　　(D)1.25 μm

175. 正弦规挡板工作面的表面粗糙度 Ra 的最大允许值为(　　)。

(A)0.04 μm　　　　(B)0.08 μm　　　　(C)1.15 μm　　　　(D)1.25 μm

176. 正弦规在测量小于 30°的角度时,精确度可达(　　)。

(A)1″~3″　　　　(B)1″~4″　　　　(C)3″~5″　　　　(D)2″~5″

177. 镗孔刀具无论是粗加工还是精加工,在安装和装配的各个环节,都必须注意(　　)。

(A)平面度　　　　(B)光洁度　　　　(C)切削能力　　　　(D)清洁度

178. 刀具进行预调,预调的尺寸必须精确,要调在(　　)。

(A)标准值　　　　　　　　　　(B)公差的上限

(C)公差的中下限　　　　　　　　(D)公差范围内

179. 用相交轴万能转台在数控镗床上加工单斜孔时,按顺时针方向将转台倾斜旋转过一个角度,使斜孔轴线处于(　　)。

(A)倾斜 30°　　　(B)倾斜 45°　　　(C)垂直位置　　　(D)水平位置

180. 镗削加工材质软硬不均或切削瞬间发生加工硬化,导致切削力的变化而引起(　　)。

(A)自激振动　　　(B)强迫振动　　　(C)正弦振动　　　(D)自由振动

181. 在进行断续镗削或被镗削的材料软硬不均时,会使切削力产生周期性变化,从而引起(　　)。

(A)自激振动　　　(B)强迫振动　　　(C)正弦振动　　　(D)自由振动

182. 机床在外部热源的作用下,使主轴及床身等温度上升产生变形,致使主轴产生倾斜或平移,造成孔的(　　)。

(A)平行度误差　　　(B)垂直度误差　　　(C)倾斜度误差　　　(D)平面度误差

183. 通孔镗削加工时,当镗刀纵向切削至(　　)左右时纵向退出镗刀,然后停车试测。

(A)1 mm　　　　(B)2 mm　　　　(C)2.5 mm　　　　(D)3 mm

184. 用内径百分表测量时,先用卡尺控制孔径尺寸,留余量(　　)时再使用内径百分表,否则余量太大易损坏内径表。

(A)0.1~0.3 mm　　(B)0.2~0.5 mm　　(C)0.3~0.5 mm　　(D)0.3~0.6 mm

185. 在镗床上进行孔铰削加工时,铰削前孔的形状应正确,余量应均匀、适当,表面粗糙度值不应小于(　　)。

(A)Ra0.30 μm　　(B)Ra0.32 μm　　(C)Ra0.36 μm　　(D)Ra0.38 μm

三、多项选择题

1. 下列满足正投影条件的是(　　)。

(A)清晨阳光映射射在工件上投身出的影像

(B)平行光垂直映射在与投影的工件表面得到投影

(C)投影线与投影面垂直

(D)平行光以 45°映射在工件表面上得到投影

2. 在图 4 中,选出错误的左视图(　　)。

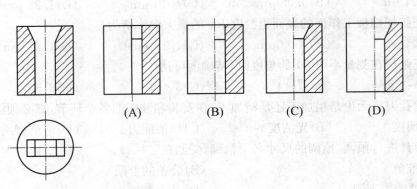

图 4

3. 在图 5 中,选出错误的左视图( )。

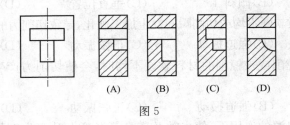

图 5

4. 零件图尺寸标注时应注意( )。

(A)正确选择尺寸基准面　　　　　(B)直接注出重要的尺寸
(C)避免出现封闭的尺寸链　　　　(D)尺寸应便于加工与测量

5. 下列属于装配视图中可用的表达方法的是( )。

(A)拆卸画法　　　　　　　　　　(B)拉格朗日投影法
(C)夸大画法　　　　　　　　　　(D)沿结合面剖切画法

6. 公差＝( )－( )＝( )－( )。

(A)上偏差　　　　　　　　　　　(B)下偏差
(C)最小极限尺寸　　　　　　　　(D)最大极限尺寸

7. 用框格标注表示形位公差的设计要求。第一个填写( )第二个填写( )第三个填写( )。

(A)形位公差数值和有关符号　　　(B)形位公差特征符号
(C)基准符号和有关符号　　　　　(D)基准公差值

8. 下列属于形位公差组成的要素的是( )。

(A)带箭头的指引线
(B)公差框格
(C)形位公差的特征项目符号、公差数值和有关符号
(D)零件的轴线

9. 下列说法正确的是( )。

(A)基孔制是指基本偏差一定的孔的公差带与基本偏差不同的轴的公差带形成各种配合

的一种制度

(B)基轴制是指基本偏差一定的轴的公差带与基本偏差不同的孔的公差带形成各种配合的一种制度

(C)孔的公差带完全位于轴的公差带之上,任取其中一对孔和轴都成为具有过盈配合

(D)孔和轴的公差带相互交叠,任取其中一对孔和轴相配合,可能具有间隙,也可能具有过盈的配合

10. 下列有关尺寸极限与公差的术语正确的是(　　)。

(A)实际尺寸是指设计时确定的尺寸

(B)极限尺寸是指允许零件实际尺寸变化的两个极端值

(C)最大极限尺寸是指允许实际尺寸的最大值

(D)最小极限尺寸是指允许实际尺寸的最小值

11. 下列是 GB/T 3505 中规定的粗糙度参数是(　　)。

(A)微观最小二乘偏差　　　　　　(B)微观不平度十点高度

(C)轮廓最大高度　　　　　　　　(D)轮廓算数平均偏差

12. 下列关于粗糙度的说法正确的是(　　)。

(A)表面质量是指机器零件加工后表面层的状态

(B)表面质量是指表面层的物理机械性能

(C)零件的表面波度波高与波长的比值在 $40 \leqslant L/H \leqslant 1\,000$

(D)表面粗糙度指表面微观几何形状误差

13. 下列钢铁金属中属于铸铁的是(　　)。

(A)HT200　　　(B)W18Cr4V　　　(C)QT450-10　　　(D)45

14. 下列属于金属材料的机械性能的是(　　)。

(A)物理性质　　　(B)化学性质　　　(C)力学性质　　　(D)机械加工特性

15. 下列不属于金属材料的工艺性能的是(　　)。

(A)铸造性能　　　(B)疲劳强度　　　(C)冲击韧度　　　(D)切削加工性能

16. 下列金属材料中属于铸铁材料的是(　　)。

(A)40Cr　　　(B)45　　　(C)HT200　　　(D)QT450-10

17. 下列对钢的调质处理说法正确的是(　　)。

(A)调质处理可使钢的性能得到大幅度的调整,使其具有良好的机械性能

(B)调质后得到的是回火马氏体

(C)调质处理是指淬火后高温回火的处理方式

(D)调质后得到的是平衡组织铁素体+珠光体

18. 下列关于钢号为 36Mn2Si 的合金结构钢说法正确的是(　　)。

(A)含碳量为 0.36%　　　　　　　(B)Mn 的含量大约在 2%

(C)硅的含量大约在 2%　　　　　　(D)该合金钢除了 Mn 和 Si 不含其他元素

19. 下列关于钢号为 00Cr18Ni10 的不锈钢下列说法正确的是(　　)。

(A)该型号不锈钢的含碳量为 0

(B)该型号不锈钢的含碳量小于 0.08%

(C)该型号不锈钢的含 Cr 含量为 18%

(D)该型号不锈钢的含 Ni 含量为 18%

20. 下列属性属于铝及铝合金的性质的是(　　)。

(A)纯铝在空气中会形成一层致密的氧化膜,阻止铝继续被氧化

(B)工业纯铝含有 Fe 和 Si 等杂质,随着杂质的质量分数的提高,铝的强度提高,塑性、导电性和耐腐蚀性降低

(C)固态铝无同素异构的转变,因此不能象钢一样借助与热处理相变强化

(D)铝合金淬火固熔处理后在进行时效处理,对铝合金的强度没有影响

21. 下列关于聚合反应说法正确的是(　　)。

(A)高聚物是由一种或者几种单质聚合而成

(B)加聚反应是由一种或几种单体聚合反应而形成高聚物的反应

(C)缩聚反应在形成高分子化合物的同时还会形成其他低分子物质

(D)高聚物是由特定的结构单元多次重复连接而成的

22. 下列关于低合金钢说法正确的是(　　)。

(A)在低碳钢中加入 Mn 是为了强化组织中的珠光体

(B)在低碳钢中加入 V、Ti、Nb 不但可以提高强度,还会消除钢的过热倾向

(C)Q235 中加入 1% 的 Mn 后得到 16Mn 钢,而其强度却增加近 50%

(D)在 16Mn 的基础上再多加 0.04%~0.12% 的钒,材料强度将的到进一步的提升

23. 下列关于低合金钢说法正确的是(　　)。

(A)合金中加入 Mn 和 Si 主要作用是强化珠光体

(B)合金中加入 V、Ti、Nb 的作用是为了减轻合金质量

(C)合金中的 Cu 和 P 可以提高钢的耐腐蚀性

(D)加入少量的稀有元素主要是为了脱硫、除去气体

24. 下列属于工具钢的是(　　)。

(A)碳素工具钢　　　　　　　　　　　(B)合金刃具钢

(C)模具钢　　　　　　　　　　　　　(D)量具钢

25. 下列属于特殊性能钢的是(　　)。

(A)不锈钢　　　　　(B)量具钢　　　　　(C)耐热钢　　　　　(D)弹簧钢

26. 下列关于热喷涂技术的应用说法正确的是(　　)。

(A)耐腐蚀涂层喷涂 Al、Zn、及 Al-Zn 合金涂层,用于大型构件的腐蚀处理

(B)耐磨涂层喷涂各种铁基、镍基和钴基耐磨合金涂层用于提高零件表面耐磨性

(C)耐高温喷涂用于改善金属材料的抗高温氧化性能,如用等离子喷涂陶瓷涂层

(D)热喷涂过程是一个比较复杂的物理过程,涂层内基本不存在空隙

27. 下列材料属于橡胶材料的是(　　)。

(A)NR　　　　　(B)SBR　　　　　(C)POM　　　　　(D)PC

28. 下列属于链传动的失效形式的是(　　)。

(A)链的疲劳破坏　　　　　　　　　　(B)链条铰链的磨损

(C)链条铰链的交合　　　　　　　　　(D)链条的静力破坏

29. 下列属于车削加工的特点的是(　　)。

(A)易于保证各面之间的位置精度　　　(B)切削过程比较平稳

(C)切削加工的经济精度在 IT13-IT9　　　(D)刀具简单

30. 在两件图上能反应加工精度的是(　　)。

(A)尺寸公差　　　　　　　　　　(B)表面材质大的变化

(C)形状公差　　　　　　　　　　(D)位置公差

31. 下列说法正确的是(　　)。

(A)轴上部分零件可以是由过渡配合

(B)加工轴类零件时不必考虑零件所需的滑动距离

(C)为便于导向和避免擦伤配合面,轴的两端及有过盈配合的台阶处应制成倒角

(D)为了减少加工刀具的种类和提高劳动生产率,轴上的倒角、圆角、键槽等应尽可能取相同尺寸

32. 下列关于液体压强的说法正确的是(　　)。

(A)如果流量稳定,液压油缸直径越小,活塞运动速度越慢

(B)压力作用于密闭液体时,施加的压力丝毫不减地向各个方向传递,其作用与各部位的力相等

(C)大部分液压系统使用油,这是由于油几乎是不可压缩的

(D)油可以在液压系统中起润滑剂作用

33. 选择砂轮硬度时应该考虑下面哪些因素(　　)。

(A)砂轮的大小　　　　　　　　　(B)磨削的性质

(C)工件的性质　　　　　　　　　(D)工件的导热性

34. 下列关于砂轮选择正确的是(　　)。

(A)磨削软材料时要选较硬的砂轮,磨削硬材料时则要选软砂轮

(B)磨削软而韧性大的有色金属时,硬度应选得硬一些

(C)磨削导热性差的材料应选较软的砂轮

(D)端面磨比圆周磨削时,砂轮硬度应选软些

35. 切削运动包括(　　)。

(A)主运动　　　(B)热运动　　　(C)进给运动　　　(D)平面运动

36. 切削层横截面包括(　　)。

(A)切削宽度 a_w　　　(B)切削厚度 a_c　　　(C)切削面积 A_c　　　(D)背吃刀量 a_p

37. 下列属于万能量具的是(　　)。

(A)游标卡尺　　　(B)千分尺　　　(C)百分表　　　(D)激光测绘仪

38. 下列属于游标卡尺可以测试的数据是(　　)。

(A)长度　　　(B)厚度　　　(C)内径　　　(D)曲率

39. 下列说法正确的是(　　)。

(A)螺旋测微器可以测量正在旋转的工件

(B)擦试干净后使两测量面合拢(借用标准杆),检查漏光和示值误差

(C)测微螺杆的轴线应垂直零件被测表面,转动微分筒接近工件被测工作表面,再转动测力装置上的棘轮使测微螺杆的测量面接触工件表面,避免损坏螺纹传动副

(D)读数时有必要取下时使用锁紧装置,防止尺寸变动产生测量误差;读数时看清整数部分和 0.5 mm 的刻线

40. 下列关于万用表说法正确的是(　　)。
(A)测量时测量杆应垂直零件被测平面,测量圆柱面的直径时测量杆的中心线要通过被测圆柱面的轴线
(B)利用百分表座、磁性表架和万能表架等辅助对工件的直线度、垂直度及平行度误差以及跳动误差进行测量
(C)测量头开始与被测表面接触时,测量杆应下压 0.5 mm 左右,以保持一定的初始测量力
(D)移动工件时应提起测量头避免损坏量仪

41. 下列关于零件六点定位原理说法正确的是(　　)。
(A)完全定位,工件的六个自由度全部被夹具中的定位元件所限制,而在夹具中占有完全确定的唯一位置,称为完全定位
(B)不完全定位,根据工件加工表面的不同加工要求,定位支承点的数目可以少于六个。有些自由度对加工要求有影响,有些自由度对加工要求无影响,这种定位情况称为不完全定位。不完全定位是允许的
(C)欠定位,按照加工要求应该限制的自由度没有被限制的定位称为欠定位。欠定位是不允许的。因为欠定位保证不了加工要求
(D)过定位,工件的一个或几个自由度被不同的定位元件重复限制的定位称为过定位

42. 关于数控车床刀具的说法正确的是(　　)。
(A)当机床上没有配置有刀具时,自动换刀将无法实现
(B)G45～G48 为模态代码,仅在指令程序段有效
(C)G45 IP_D_按偏置存储器的值增加移动量
(D)G46 IP_D_按偏置存储器的值减少移动量

43. 请为数控机床的主要步骤排序(　　)。
(A)伺服系统带动各自的机床部件,按程序规定的加工顺序、速度和位移量的进行自动加工
(B)数控装置按输出信号进行一系列的运算和控制处理并将结果以脉冲形式送往机床的伺服系统
(C)将程序储存在某种储存介质上
(D)将控制介质装入数控装置内,通过输入装置将加工程序输入到数控装置内部
(E)按照数控装置所能识别的代码编制加工程序单
(F)根据零件图纸上的零件形状、尺寸和技术条件进行工艺分析和程序设计

44. 数控机床按伺服控制方式分类可分为(　　)。
(A)开环控制数控机床　　　　　　(B)点位控制数控机床
(C)半闭环控制数控机床　　　　　(D)闭环控制数控机床

45. 使用刀具补偿功能编程时(　　)。
(A)可以不考虑刀具半径　　　　　(B)可以直接按加工工件轮廓编程
(C)无须求出刀具中心运动轨迹　　(D)可以用同一程序完成粗、精加工

46. 机床原点(　　)。
(A)为机床上的一个固定点　　　　(B)为工件上的一个固定点

(C)由 Z 向与 X 向的机械挡块确定　　　　(D)由制造厂确定

47. 数控加工适用于(　　)。

(A)形状复杂的零件　　　　　　　　　　(B)加工部位分散的零件

(C)多品种小批量生产　　　　　　　　　(D)表面相互位置精度要求高的零件

48. 下列关于数控车床坐标系和工件坐标系说法正确的是(　　)。

(A)数控车床标准坐标铣可用左手法则确定

(B)数控车床某一运动部件的正方向规定为增大刀具与工件间距离的方向

(C)编程原点选择应尽可能与图纸上的尺寸标注基准重合

(D)程序段落格式代表尺寸数据的尺寸字可只写有效数字

49. 下列有关程序段说法正确的是(　　)。

(A)通常程序段落若干个程序段字组成

(B)N 程序段号 一般由地址符 N 后续四位数字组成

(C)G 准备功能代码地址符,为数控机床准备某种运动方式而设定

(D)T 为辅助功能代码,用于数控机床的一些辅助功能

50. 关于 G 代码下列说法正确的是(　　)。

(A)G 代码分为模态代码和非模态代码

(B)同一组 G 代码在同一程序中一般可同时出现多次

(C)G41 功能为刀具补偿——左

(D)G42 功能为刀具补偿——右

51. 对于数控机床节点坐标的计算说法正确的是(　　)。

(A)若轮廓曲线变化不大可采用等步长法计算插补节点

(B)若轮廓曲线曲率变化较大,可采用等误差法计算插补节点

(C)容差值越小计算节点数越小

(D)在同一容差下,采用圆弧逼近法与直线逼近法相比,可以有效减少节点数目

52. 下列属于划线绘画工具的是(　　)。

(A)划线盘　　　　(B)C 形夹头　　　　(C)V 形铁　　　　(D)高度游标尺

53. 下列关于锉销加工正确的是(　　)。

(A)半精加工时,在细锉上涂上粉笔灰,让其容屑空间减少,这样可以使锉刀既保持锋利,又避免容屑槽中的积屑过多而划伤工件表面

(B)粗锉加工时可以加大力度,这样就可以用最短的时间去掉最多的余量

(C)锉削时切忌用油石和纱布

(D)为了避免人为误差,加工余量可以大于 0.5 mm

54. 关于铰孔加工下列说法正确的是(　　)。

(A)铰削时的背吃刀量为铰削余量的一半,切削速度越低,表面粗糙度值越小,切削速度最好小于 5 m/min

(B)铰削时由于切屑少,而且铰刀上有修光部分,进给量可取大些。铰削进,选用进给量为 0.2 mm/r

(C)铰孔时,切削液对孔的扩张量与孔的表面粗糙度有一定的影响

(D)铰孔前一般先车孔或扩孔,并留出铰孔余量,余量的大小不影响铰孔质量

55. 下列属于连接螺纹的是(　　　)。

(A)普通螺纹　　　　(B)管螺纹　　　　(C)梯形螺纹　　　　(D)矩形螺纹

56. 下列关于螺纹滚压说法正确的是(　　　)。

(A)螺纹滚压一般在滚丝机、搓丝机或在附装自动开合螺纹滚压头的自动车床上进行

(B)滚压螺纹的外径一般不超过 25 mm,长度不大于 100 mm

(C)螺纹精度可达 2 级(GB 197—63)

(D)滚压一般不能加工外螺纹

57. 下列属于电容器的表示方法的是(　　　)。

(A)直标法　　　　　　　　　　(B)色系表示法

(C)数码表示法　　　　　　　　(D)色码表示法

58. 下列说法正确的是(　　　)。

(A)熔体额定电流不能大于熔断器的额定电流

(B)不能用不易熔断的其他金属丝代替

(C)安装时熔体两端应接触良好

(D)更换熔体时应不必电源,可带电更换熔断器

59. 下列关于万用表的说法错误的是(　　　)。

(A)测量电流与电压不能旋错挡位。如果误将电阻挡或电流挡去测电压,就极易烧坏
电表

(B)测量电阻时,不要用手触及元件的裸体的两端(或两支表棒的金属部分),以免人体电
阻与被测电阻并联,使测量结果不准确

(C)万用表不用时,将旋钮调至电阻挡并妥善放置

(D)如果不知道被测电压或电流的大小,应先用最高挡,所测得的数值不影响精确度

60. 低压电器常用的灭弧方法有那些(　　　)。

(A)灭弧罩灭弧　　　　　　　　(B)氦气隔离灭弧

(C)磁吹式灭弧　　　　　　　　(D)多纵缝灭弧

61. 下列属于直接接触触电的是(　　　)。

(A)单相触电　　　(B)两相触电　　　(C)电弧伤害　　　(D)单相触电

62. 机床旋转部件的危害因素有(　　　)。

(A)对向旋转部件的咬合

(B)飞出的装夹具和机械部件

(C)旋转部件和成切线运动部件面的咬合

(D)旋转轴

(E)旋转部件和固定部件的咬合

63. 国家污染排放标准是根据(　　　)制定的。

(A)国家环境质量标准　　　　　(B)我国经济状况

(C)国家排污单位的技术条件　　(D)国家资源总量

64. 关于环境监督管理说法正确的是(　　　)。

(A)国务院环境保护行政主管部门制定国家环境质量标准

(B)凡是向已有地方污染物排放标准的区域排放污染物的,应当执行国家污染物排放

  标准

(C)国务院和省、自治区、直辖市人民政府的环境保护行政主管部门,应当定期发布环境公报

(D)建设污染环境项目,必须遵守国家有关建设项目环境保护管理的确规定

65. 关于质量管理体系下列说法正确的是( )。

(A)预防措施是指为了消除潜在不合格或其他潜在不期望的情况的原因所采取的措施

(B)纠正措施是指为消除已发现的不合格或其他不期望情况的原因所采取的措施

(C)返工为使不合格产品符合要求而对其采取的措施

(D)返工和返修所能达到的效果相同

66. 下列关于 GB/T 19001—2008《质量管理体系要求》中 PDCA 解释正确的是( )。

(A)PDCA 为策划 实施 检查 处置的缩写

(B)PDCA 中 P 代表策划

(C)PDCA 中 D 代表检查

(D)PDCA 中 A 代表处置

67. 下列关于质量体系的内部审核说法正确的是( )。

(A)在 ISO9000 2.8 质量管理体系评价 中指出内部审核是质量管理体系评价的一种方法

(B)组织应将内部审核的各项要求在文件的程序中作出规定

(C)审核员可以审核自己的工作

(D)策划,实施审核以及报告结果要形成记录并保持

68. 在产品制造中,装配图是制定装配工艺规程,进行( )的技术依据。

(A)维修   (B)加工   (C)装配   (D)检验

69. 识读机械装配图是通过对现有图形、( )、符号的分析,了解设计者的意图和要求。

(A)文字   (B)中心线   (C)尺寸   (D)剖面线

70. 在确定装配体位置时,通常将装配体按工作位置放置,使装配体的主要( )面呈水平或垂直位置。

(A)轴线   (B)安装基准   (C)尺寸   (D)剖面线

71. 装配图上相邻两个零件的( )之间,相邻两件的不接触面,不论间隙多小,均应留有间隙。

(A)接触面   (B)剖切面   (C)基准面   (D)配合面

72. 镗削平行孔系的一般方法有( )。

(A)找正法   (B)镗模法   (C)坐标法   (D)分度法

73. 在镗床上镗箱体孔,先镗孔的一端,然后,工作台回转 180°,再镗孔的另一端,该加工过程不属于( )。

(A)两道工序   (B)两个工步   (C)两个工位   (D)两次装夹

74. 箱体零件的加工精度一般指( )。

(A)孔的精度   (B)孔的相互位置精度

(C)表面粗糙度   (D)孔的圆度

75. 卧式镗床床身的水平平面导轨的直线误差,不会导致镗孔时的( )误差。

(A)直线度   (B)圆度   (C)圆柱度   (D)同轴度

76. 镗削工艺系统主要由镗床、（　　）等组成。

(A)夹具　　　　(B)量具　　　　(C)刀具　　　　(D)工件

77. 夹具的制造精度、夹具的导向元件的磨损,不会引起（　　）误差。

(A)孔径尺寸　　(B)圆柱度　　　(C)直线度　　　(D)平行度

78. 组合夹具组装后不具有下列哪些性能（　　）。

(A)专用性　　　　　　　　　　　(B)通用性

(C)较高的刚性　　　　　　　　　(D)较小的外形尺寸

79. 按组合夹具元件功能的不同可分为基础件（　　）夹紧件、其他件和合件八大类。

(A)支承件　　　(B)定位件　　　(C)导向件　　　(D)紧固件

80. 大型复杂零件的安装基面一般为零件的（　　）,支承架。

(A)底面　　　　(B)孔　　　　　(C)工艺凸台　　(D)精度要求最高的孔

81. 为了满足箱体类零件定位要求,常采用的定位方式包括以（　　）定位。

(A)平面　　　　(B)圆柱孔　　　(C)两面两孔　　(D)一面双孔

82. 单刀机夹硬质合金铰刀,由一个切削刀片和两个导向块组成,它们分别具有（　　）作用。

(A)冷却　　　　(B)切削　　　　(C)导向　　　　(D)矫正

83. 浮动镗刀通过作用在对称刀刃上的（　　）来自动平衡其（　　）,因此能抵偿镗刀块的制造、安装误差和镗杆的动态误差所引起的不良影响,从而获得较高的（　　）。

(A)切削力　　　(B)切削位置　　(C)导向　　　　(D)加工质量

84. 在数控加工中,各种非圆曲线必须用（　　）段通近它,求出节点坐标,编制逼近线段的加工程序。

(A)直线　　　　(B)拆线　　　　(C)圆弧　　　　(D)波浪线

85. 不同的数控系统中,用户宏程序的调用方法不尽相同,但是不能通过（　　）指令调用。

(A)G64　　　　(B)M98　　　　(C)M99　　　　(D)G67

86. 用户宏程序包括（　　）三大功能。

(A)转移　　　　(B)变量　　　　(C)常量　　　　(D)运算

87. 镗床主轴箱保养必须掀开主轴箱各防尘盖板,检查调整（　　）。

(A)三角带　　　(B)平带　　　　(C)V带　　　　(D)夹紧拉杆

88. 液压传动基本回路主要有:（　　）和多油缸顺序动作工作回路。

(A)方向控制回路　　　　　　　　(B)速度控制回路

(C)压力控制回路　　　　　　　　(D)高度控制回路

89. 数控机床的进给驱动系统故障现象包括（　　）显示的故障三种。

(A)软件报警　　(B)硬件报警　　(C)无报警　　　(D)操作错误报警

90. 空间角度孔指（　　）孔。

(A)交叉　　　　(B)单斜　　　　(C)双斜　　　　(D)贯穿

91. 空间斜孔是通过其轴线在空间所处的位置来表达的。它明显的特征是该轴线相对坐标（　　）面都成倾斜状态,简称双斜孔。

(A)X轴　　　　(B)Y轴　　　　(C)Z轴　　　　(D)C轴

92. 空间双斜孔一般都用万能转台在坐标镗床上加工。在万能转台上通过转直过程,使(　　)处于与主轴轴线(　　)的位置进行加工。

(A)单斜孔　　　　(B)双斜孔　　　　(C)相交　　　　(D)平行

93. 对形状复杂的薄壁工件来说,一般选取面积最大,而且与各镗削孔有(　　)要求的平面为该工件的主要(　　)。

(A)圆度精度　　　(B)位置精度　　　(C)切削面　　　(D)定位基准面

94. 对薄壁工件定位时,定位点尽可能距离大些,以增加接触三角形的(　　),增加接触(　　)。

(A)周长　　　　　(B)面积　　　　　(C)刚度　　　　　(D)硬度

95. 镗削薄壁工件时,要严格贯彻粗、精加工分开,(　　)的原则,注意(　　)的选择。

(A)先粗后精　　　(B)先精后粗　　　(C)镗削部位　　　(D)镗削用量

96. 在采用平旋盘加工阶梯孔阶台时,无法利用磁力表座装刀控制(　　),来确保孔深的加工精度。

(A)切削速度　　　(B)进给量　　　　(C)背吃刀量　　　(D)吃刀深度

97. 同轴孔系的主要技术要求是保证各孔的(　　),控制各孔的(　　)误差小于允许值。

(A)尺寸精度　　　(B)定位精度　　　(C)垂直度　　　　(D)同轴度

98. 用坐标法镗削平行孔系,是按孔系之间相互位置的水平尺寸关系,在镗床上借助测量装置,调整(　　)在(　　)水平方向的相互位置来保证孔系之间孔距精度的一种方法。

(A)主轴　　　　　(B)工作台　　　　(C)水平方向　　　(D)垂直方向

99. 在利用坐标法镗削过程中合理选用原始孔和确定镗孔顺序,是获得较高(　　)的重要环节。

(A)孔距精度　　　(B)同轴度精度　　(C)圆度精度　　　(D)圆跳动精度

100. 对精度要求高的同轴孔系采用多刀多刃镗削加工方法适用(　　)生产。

(A)高精度　　　　(B)低精度　　　　(C)单件　　　　　(D)大批量

101. 在大批量生产中,为了提高劳动生产率,对高精度的同轴孔系常采用(　　)的镗削加工方法。

(A)单刀　　　　　(B)多刃　　　　　(C)多刀　　　　　(D)单刃

102. 在悬伸镗削法中,可分为(　　)。

(A)主轴进给　　　(B)工作台进给　　(C)工件进给　　　(D)刀具进给

103. 用镗刀镗孔可以纠正钻孔、扩孔产生的孔的(　　)误差。

(A)孔径　　　　　(B)圆度　　　　　(C)直线度　　　　(D)圆柱度

104. 对于孔轴线(　　)或(　　)平行于安装基面的孔,可利用机床的回转工作台旋转进行找正,当垂直度要求较高时,用百分表配合找正。

(A)相交　　　　　(B)交叉　　　　　(C)平行　　　　　(D)垂直

105. 空间相交孔系的技术要求除孔自身的精度要求外,还要保证相交轴线的(　　)。

(A)位置要求　　　(B)角度要求　　　(C)孔距要求　　　(D)粗糙度要求

106. 沟槽的形式归纳起来有(　　)形式。

(A)内沟槽　　　　(B)外沟槽　　　　(C)直沟槽　　　　(D)斜沟槽

107. 浮动镗刀镗孔时,不能镗削(　　)。

　　(A)台阶孔　　　　　　(B)盲孔　　　　　　(C)整圆通孔　　　　　　(D)缺孔

108. 利用平旋盘铣削时,径向刀架无论采用哪种进给方式,在铣削前移动刀架的(　　)不用调整。

　　(A)齿条间隙　　　　　(B)角度　　　　　　(C)宽度　　　　　　　(D)长度

109. 镗床用圆柱铣刀铣削平面时,刀具圆柱度超差会不影响工件(　　)超差。

　　(A)平面度　　　　　　(B)线性尺寸　　　　(C)表面粗糙度　　　　(D)垂直度

110. 在箱体上常见的孔系有(　　)。

　　(A)同轴孔系　　　　　(B)平行孔系　　　　(C)垂直孔系　　　　　(D)相交孔系

111. 在单件、小批量生产箱体零件时,可采用钢板焊接结构,焊后的箱体零件要经过(　　)或(　　)处理来消除焊接应力,防止箱体零件变形。

　　(A)退火　　　　　　　(B)时效　　　　　　(C)回火　　　　　　　(D)正火

112. 镗削两孔中心线均平行于箱体底部的垂直孔系时,不应以(　　)作为安装基准。

　　(A)箱体侧面　　　　　(B)箱体底面　　　　(C)箱体断面　　　　　(D)箱体铸造孔

113. 用回转法镗削加工垂直孔系时,(　　)不会造成两孔中心线的垂直度。

　　(A)镗杆长度　　　　　　　　　　　　　　　(B)工作台回转精度

　　(C)镗杆直径　　　　　　　　　　　　　　　(D)主轴转速

114. 轴承合金具有良好的减摩性,体现在(　　)好几个方面。

　　(A)摩擦系数低　　　　　　　　　　　　　　(B)摩擦系数高

　　(C)磨合性好　　　　　　　　　　　　　　　(D)抗咬合性

115. Cr17Ti 钢(　　),主要用于制作化工设备中的容器、管道等。

　　(A)强度低　　　　　　(B)刚性高　　　　　(C)导热性好　　　　　(D)塑性好

116. 不锈钢具有易黏结和导热性差的特性,所以在选择切削液时,应选择(　　)的切削液。

　　(A)抗粘结　　　　　　(B)散热性好　　　　(C)易粘结　　　　　　(D)易回收

117. 难加工材料的切削特点是(　　)和加工精度难以保证。

　　(A)切削温度高　　　　　　　　　　　　　　(B)加工硬化大

　　(C)刀具易磨损　　　　　　　　　　　　　　(D)切削力大

118. 在镗削加工工件之前,镗工必须看清、看懂工件图样,进行工艺分析,明确加工内容,合理选择工艺基准,确定正确的(　　)。

　　(A)找正　　　　　　　(B)装夹　　　　　　(C)加工方法　　　　　(D)加工刀具

119. 深孔加工的镗杆细长,强度和刚度比较差,在镗削加工时容易(　　)。

　　(A)弯曲　　　　　　　(B)蹦刀　　　　　　(C)变形　　　　　　　(D)振动

120. (　　)量具是基准量具。

　　(A)量块　　　　　　　(B)直角尺　　　　　(C)线纹尺　　　　　　(D)数字式千分尺

121. 操作人员在测量工件时应主要注意(　　)误差。

　　(A)基准件　　　　　　(B)温度　　　　　　(C)测量力　　　　　　(D)读数

122. 气动测量仪可以测量圆的(　　)。

　　(A)内、外径　　　　　(B)垂直度　　　　　(C)直线度　　　　　　(D)圆度

123. 正弦规工作面不得有严重影响外观和使用性能的(　　)。

(A)裂痕　　　　(B)划痕　　　　(C)夹渣　　　　(D)碰伤

124. 正弦规的适用范围正确的是(　　)。

(A)正弦规一般用于测量小于 45°的角度

(B)在测量小于 30°的角度时,精确度可达 $3''\sim5''$

(C)在测量小于 45°的角度时,精确度可达 $3''\sim5''$

(D)正弦规是配合使用量块按正弦原理组成标准角

125. 正弦规主要是由一钢制长方体和固定在其两端的两个相同直径的钢圆柱体组成,其结构刚性和各零件强度应能适应磨削工作条件,各零件应易于(　　)。

(A)拆卸　　　　(B)修理　　　　(C)组装　　　　(D)销毁

126. 万能工作台的分度精度,包括(　　)。

(A)水平旋转分度精度　　　　　　(B)倾斜分度精度

(C)齿轮啮合精度　　　　　　　　(D)手轮旋转精度

127. 塞规不能用来测量(　　)。

(A)孔径　　　　(B)直线度　　　　(C)位置度　　　　(D)圆度

128. 使用内径百分表测量孔的(　　)属于比较测量法。

(A)孔径　　　　(B)圆度　　　　(C)位置度　　　　(D)圆柱度

129. 在镗床主轴回转中,轴线方向产生的(　　)不能用来表示轴向漂移误差大小。

(A)角向漂移　　　(B)位移量　　　(C)位置度　　　(D)偏心量

130. 在批量加工追至孔系时,一般不会用(　　)检验孔的垂直度。

(A)组合检具　　　(B)检验心轴　　　(C)直角尺　　　(D)千分表

131. 粗糙度的表示方法(　　)。

(A)Ra　　　　(B)Rz　　　　(C)Ry　　　　(D)Rc

132. 表面粗糙度与机械零件的(　　)等有密切的关系,对机械产品的使用寿命和可靠性有重要影响。

(A)耐磨性　　　(B)疲劳强度　　　(C)振动　　　(D)配合性质度

133. 主轴在转动时若有一定的径向圆跳动,则工件加工后不会产生(　　)的误差。

(A)垂直度　　　(B)同轴度　　　(C)斜度　　　(D)粗糙度

134. 工作台进给镗孔时,导轨的直线度误差会引起孔中心线的(　　)。

(A)弯曲　　　　(B)偏移　　　　(C)缩短　　　　(D)加长

135. 滚珠丝杆和普通丝杆比较的主要特点(　　)。

(A)旋转为直线运动　　　　　　(B)消除间隙,提高传动刚度

(C)不能自锁,有可逆性　　　　(D)摩擦阻尼小

136. 在卧式镗床上镗削中小型工件的同轴孔系时,可以使用(　　)加工。

(A)穿镗法　　　(B)掉头镗法　　　(C)悬伸镗削　　　(D)支承镗削

137. 按夹具的特点分类,包括(　　)。

(A)通用性夹具　　　　　　　　(B)专用性夹具

(C)自动线夹具　　　　　　　　(D)组合夹具

138. 采用夹具的基本要求是正确选择(　　)。

(A)定位元件　　　(B)定位基准　　　(C)定位方法　　　(D)定位部位

139. 主视图位置选择原则有（　　　）。

(A)主视图与左视图高齐平　　　　　(B)工作位置原则

(C)加工位置原则　　　　　(D)主视图与俯视图长对正

140. 三视图投影规律（　　　）。

(A)主视图与左视图高齐平　　　　　(B)工作位置原则

(C)俯视图与左视图宽相等　　　　　(D)主视图与俯视图长对正

141. 机械制图中常用的线形有（　　　）等。

(A)实线　　　　　(B)虚线　　　　　(C)点画线　　　　　(D)双点画线

142. 绘制一般机械装配图的明确表达方案阶段，需要明确（　　　）。

(A)决定主视图的方向　　　　　(B)决定装配体位置

(C)选择视图　　　　　(D)了解装配体的性能

143. 装配图的特殊表达方法有（　　　）。

(A)假象画法　　　　　(B)移出画法　　　　　(C)简化画法　　　　　(D)夸大画法

144. 零部件装配图主要表达（　　　）。

(A)部件的工作性能　　　　　(B)零件之间的装配和连接关系

(C)主要零件的结构　　　　　(D)部件装配时的技术要求

145. 镗削加工按镗杆受力情况来分，可以分为（　　　）。

(A)悬伸镗削　　　　　(B)支承镗削　　　　　(C)推式镗削　　　　　(D)拉式镗削

146. 箱体工件镗削工艺方案的种类包括（　　　）等。

(A)利用滑架镗削　　　　　(B)利用镗模镗削

(C)简易调头镗削　　　　　(D)大型工件调头镗削

147. 夹具的选用要利于（　　　）。

(A)排屑　　　　　(B)加工　　　　　(C)检验　　　　　(D)装配

148. 组合夹具组装过程包括组装前的准备（　　　）。

(A)确定组装方案　　　　　(B)试装

(C)连接　　　　　(D)检测

149. 坐标镗床常用的主轴定位找正工具有（　　　）等。

(A)千分表定位器　　　　　(B)心轴定位器

(C)球心定心杆　　　　　(D)光学定位器

150. 镗床选用刀具应根据（　　　）来选择。

(A)所加工工件的结构、工件的材料　　　　　(B)选用的加工方法

(C)工件被加工表面的粗糙度要求　　　　　(D)工件的加工时间

151. 在数控系统中，用户宏程序常见的调用指令有（　　　）。

(A)M99　　　　　(B)M98　　　　　(C)G65　　　　　(D)G66

152. 用户在存储宏程序功能的最大特点是（　　　）。

(A)宏功能主体中能使用变量　　　　　(B)变量间能运算

(C)把实际值设定为变量　　　　　(D)不能进行变量间运算

153. 新安装及大修后的电力变压器在正式投入前要做冲击合闸实验，其目的是（　　　）。

(A)检查大修质量　　　　　(B)检查变压器的绝缘强度

(C)检查变压器的机械强度　　　　　　　(D)校验差动保护躲过励磁涌动流的性能

154. 数控镗床常见的故障显示内容有程序错误、( )和操作错误等。

(A)电池报警　　　　(B)存贮故障　　　　(C)伺服故障　　　　(D)主轴故障

155. 薄壁箱体类零件具有( )等特点。

(A)结构复杂　　　　　　　　　　　　　(B)加工表面多

(C)镗削孔系多　　　　　　　　　　　　(D)精度要求高

156. 数控镗床加工时,通过( )获得较高孔距精度。

(A)利用坐标法镗削　　　　　　　　　　(B)合理选用原始孔

(C)合理确定镗孔顺序　　　　　　　　　(D)增大加工余量

157. 在镗床上合理选择铣削方法的原则是( )。

(A)保证工艺系统刚性　　　　　　　　　(B)选择正确的铣削用量

(C)选择合适的刀具　　　　　　　　　　(D)稳妥合理地装夹工件

158. 平面圆周分度孔的加工有( )。

(A)镗模法　　　　　　　　　　　　　　(B)直角坐标法

(C)简易工具法　　　　　　　　　　　　(D)分度装置分度法

159. 毛坯"误差复映"现象影响被镗孔的( )。

(A)圆度误差　　　　　　　　　　　　　(B)形状精度误差

(C)圆柱度误差　　　　　　　　　　　　(D)轴线垂直度

160. 垂直孔系的主要技术要求包括( )。

(A)若干个孔中心线相互平行　　　　　　(B)各孔自身的精度要求

(C)保证孔轴线垂直度公差　　　　　　　(D)确定孔坐标位置

161. 直角沟槽包括( )形式。

(A)敞开式　　　　(B)封闭式　　　　(C)半封闭式　　　　(D)贯通式

162. 在数控镗床上进行大平面铣削加工常用的方法包括( )。

(A)利用平旋盘进行铣削　　　　　　　　(B)在镗床主轴上装铣刀进行铣削

(C)行切加工法　　　　　　　　　　　　(D)借助回转工作台和镗床附件来进行铣削

163. 硬质合金材料不足之处是( )。

(A)耐磨性差　　　　　　　　　　　　　(B)性脆

(C)冲击韧性差　　　　　　　　　　　　(D)抗弯强度低

164. 难加工材料的主要切削加工特性( )。

(A)切削力大　　　　　　　　　　　　　(B)切削温度高、效率低

(C)加工硬化倾向大　　　　　　　　　　(D)刀具磨损大

165. 下列选项中,( )属于难切削材料。

(A)不锈钢　　　　　　　　　　　　　　(B)钛合金

(C)喷焊(涂)材料　　　　　　　　　　　(D)淬火钢

166. 可用于难加工材料切削的优良刀具材料是( )。

(A)硬质合金　　　　　　　　　　　　　(B)新型涂层硬质合金

(C)CBN　　　　　　　　　　　　　　　(D)金刚石

167. 工艺系统的调整的基本方式有( )。

(A)试验法　　　　　(B)试切法　　　　　(C)调整法　　　　　(D)回调法

168. 在工艺上经常采用提高孔系镗削质量的方法包括(　　)。

(A)误差消除法　　　　　　　　　(B)误差转移法

(C)误差补偿法　　　　　　　　　(D)就地加工法

169. 组合夹具按组装时元件间连接基面的形状,可分为(　　)。

(A)槽系夹具　　　(B)孔系夹具　　　(C)专用夹具　　　(D)通用夹具

170. 常用镗刀按其加工表面可分为(　　)。

(A)通孔镗刀　　　　　　　　　　(B)盲孔镗刀

(C)阶梯孔镗刀　　　　　　　　　(D)端面镗刀

171. 常用镗刀按其结构可分为(　　)。

(A)双刃式　　　(B)整体式　　　(C)装配式　　　(D)可调式

172. 在镗床上加工时,工件找正的方法有(　　)等。

(A)按划线找正　　　　　　　　　(B)按粗加工面或精加工面找正

(C)按已加工好的孔找正　　　　　(D)支承板或支承块的找正

173. 积屑瘤对镗削加工的影响(　　)。

(A)减少刀具磨损　　　　　　　　(B)提高切削力

(C)使刀具前角增大　　　　　　　(D)降低工件的表面质量

174. 镗削箱体平行孔系时,产生平行度误差的原因是(　　)。

(A)镗床主轴上下移动误差　　　　(B)镗床工作台往返偏摆误差

(C)镗床主轴与工作台的平行度误差　(D)机床受热变形

175. 镗孔时孔中心线的直线度误差产生的原因有(　　)。

(A)镗杆的弯曲变形　　　　　　　(B)导轨的直线度误差

(C)上道工序几何形状误差　　　　(D)机床受热变形

176. 机床误差是造成加工误差的主要原始误差因素,主要包括(　　)。

(A)机床主轴回转误差　　　　　　(B)导轨导向误差

(C)传动链的传动误差　　　　　　(D)主轴、导轨间的位置关系误差

177. 产生主轴径向回转误差的主要原因有(　　)等。

(A)主轴各段轴颈的同轴度误差　　(B)轴承本身的各种误差

(C)轴承之间的同轴度误差　　　　(D)主轴绕度

178. 夹具的制造误差系指夹具上(　　)和夹具体等的加工误差。

(A)定位元件　　　(B)导向元件　　　(C)对刀元件　　　(D)分度机构

179. 形位公差带常用的形状包括(　　)。

(A)两等距线间区域　　　　　　　(B)两等距面间区域

(C)一回转体内区域　　　　　　　(D)一段回转体表明区域

180. 形位公差带两等距线间区域指(　　)。

(A)两平行线间　　　　　　　　　(B)两同轴圆柱面间

(C)两任意线间　　　　　　　　　(D)两同心圆间

181. 镗削时,为了减少工件的安装误差,应注意(　　)。

(A)使定位基准与设计基准重合　　(B)遵照优先选择基准不变原则

(C)提高定位基面的加工精度　　　　　(D)夹紧力的大小与着力点应适当

182. 1Cr18Ni9Ti 属不锈钢,经固溶处理后的机械性能为(　　)。

(A)屈服强度 $s_{0.2} \geq 205$ MPa,抗拉强度 $s_b \geq 520$ MPa

(B)伸长率 $d_5 \geq 50\%$,收缩率 $y \geq 40\%$

(C)屈服强度 $s_{0.2} \geq 205$ MPa,抗拉强度 $s_b \leq 520$ MPa

(D)伸长率 $d_5 \geq 40\%$,收缩率 $y \geq 50\%$

183. 随着高速切削技术的推广应用,在切削难加工材料时(　　)。

(A)采用小切深以减轻刀齿负荷

(B)采用逆铣并提高进给速度

(C)选择适应难加工材料特有性能的刀具材料和刀具几何形状

(D)应力求刀具切削轨迹的最佳化

184. 坐标测量装置的形式主要有(　　)。

(A)普通刻线尺与游标尺加放大镜测量装置

(B)百分表与块规测量装置

(C)刻度尺与光学读数头测量装置

(D)光栅数字显示装置和感垃同步器测量装置

185. 对工艺系统的一些原始误差,可采取(　　)控制其对零件加工误差的影响。

(A)误差转移法　　　　　(B)误差补偿法

(C)误差抵消法　　　　　(D)误差重置法

四、判 断 题

1. 视图包括基本视图、局部视图、斜视图和向视图共四种。(　　)

2. 六个基本视图中,最常应用的是右视图、仰视图和后视图。(　　)

3. 判断图 6 采用的局部剖视是否正确。(　　)

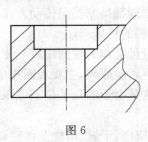

图 6

4. 图样上所标注的尺寸应是机件的真实尺寸,且是机件的最后完工的尺寸,与绘图比例和绘图精度无关。(　　)

5. 用钻头加工盲孔或阶梯孔,钻头角成 120°在视图中必须注明。(　　)

6. 极限与配合是检验产品质量的重要技术指标,是零件图、装配图中的重要的技术要求。(　　)

7. 形位公差是指零件要素的实际形状和实际位置所要求的理想形状和理想位置所允许的变动量。(　　)

8. 国家标准规定用代号 ES 和 es 分别表示孔和轴的上偏差。(　　)

9. 其本偏差是指上下偏差中靠近上偏差的偏差。（　　）

10. 表面粗糙度越小,零件的性能越好,因此加工是因保证工件的表面的粗糙度尽量小。（　　）

11. 表面粗糙度符号的尖端必须从材料外指向被加工表面。（　　）

12. 常用的钢铁金属材料分为钢和铸铁两大类。（　　）

13. 40Cr 为调质钢,用于承受弯曲、扭转、拉压、冲击的复杂应力的重要件。（　　）

14. 金属材料的工艺性能包括物理性能、化学性能和力学性能。（　　）

15. 铸铁可分为白口铸铁、灰口铸铁、可锻铸铁、球墨铸铁以及特殊性能铸铁。（　　）

16. 亚共析钢在室温时,其组织由铁素体和珠光体组成。（　　）

17. 钼合金顶头可用于不锈钢穿管机上,钼板。钼丝主要用于电子工业做微波管热电子阴极、真空炉中辐照屏等。（　　）

18. 不锈钢 00Cr18Ni10 表明 C≤0.18%。（　　）

19. Al-Si 系合金是工业上使用最为广泛的铸造合金,但该零件液态下流动性差。（　　）

20. 把加热到奥氏体化后的工件放入一种淬火冷却介质中一直冷却到室温的淬火。称为单液淬火。（　　）

21. 耐热塑料工作温度高于 150 ℃～200 ℃,但成本高。（　　）

22. 合金结构钢含碳量为 0.36%,含锰量为 1.5%～1.8%,含硅 0.4%～0.7% 的钢,其钢号为 36MnSi。（　　）

23. 含碳量小于 2.11% 的合金称为钢,而将含碳量大于 2.11% 合金称为铸铁。（　　）

24. 马氏体不锈钢 Gr 含量 13%～30%,C 含量为 0.15% 属铬不锈钢。（　　）

25. 等温淬火常用来处理形状复杂、尺寸要求精确,并要求有较高强韧性的工具、弹簧等。（　　）

26. 聚甲醛低压 PE 有良好的耐磨性、耐蚀性、绝缘性、无毒,一般用于机械构件、化工管道、电缆电线等。（　　）

27. 带传动种类繁多,但工作原理都是摩擦型传动方式。（　　）

28. 车床是用于切断或锯断材料的机床。（　　）

29. 切削速度、进给量和背吃刀量常称为切削用量三要素。（　　）

30. 在加工工序时,应遵循先主后次原则,主要表面先加工,次要表面后加工。（　　）

31. 大部分液压系统使用油,这是由于油几乎是不可压缩的。同时,油可以在液压系统中起润滑剂作用。（　　）

32. 砂轮是由磨料和结合剂经压坯、干燥、焙烧及休整而成的。（　　）

33. 常用砂轮结合剂分为陶瓷、树脂、橡胶、金属四类。（　　）

34. 刀具要从工件上切下切屑,其硬度必须大于工件的硬度。在室温下,刀具的硬度应在 60HRC 以上。（　　）

35. 金属切削过程就是刀具从工件上切除多余的金属,使工件获得规定的加工精度与表面质量。（　　）

36. 进给量是工件或刀具每回转一周时两者延进给运动方向的相对位移。（　　）

37. 绝对测量是指直接对被测量,得出测量值的一种方法。（　　）

38. 游标卡尺的分度值有 0.1 mm,0.05 mm,0.02 mm 三种。（　　）

39. 千分尺微分圆周上分 49 个格,刻度值每格为 0.01 mm。（　　）

40. 表长指针每转一格为 0.01 mm,转数指针每转动一格为 1 cm。（　　）

41. 当工件用几个表面作为定为基准时,若工件是大型的,则为了保持工件的正确位置,朝向各定位元件都要有夹紧力。（　　）

42. 工艺规程中未规定表面粗造度要求的粗加工表面,加工后的表面粗糙度 Ra 值应不大于 0.005 mm。（　　）

43. 目前数控机床程序编制的方法有手工编程和自动编程两种。（　　）

44. 数控机床有加工精度高、质量稳定、加工生产效率高、加工适应性强、灵活性好等特点。（　　）

45. G17、G18、G19 为平面选择指令。（　　）

46. 数控机床的 坐标系规定已标准化,按左手直角牛顿坐标系确定。（　　）

47. 主轴正转是从主轴＋Z 方向看(从主轴头向工作台方向看),主轴顺时针方向旋转。（　　）

48. 点位数控机床的特点是机床移动部件从一点移动到另一点的准确定位。（　　）

49. 开环控制系统是指不带反馈装置的控制系统。（　　）

50. 数控机床的加工精度高,而且同步一批零件加工尺寸的一致性好。（　　）

51. 数控机床加工,能准确计算零件的加工工时,并有效地简化刀、夹、量具和半成品的管理工作。（　　）

52. 数控机床能实现几个坐标的联动,可以加工普通机床无法加工的形状复杂的零件。（　　）

53. 锉刀粗细刀纹的选择和预留加工量选择根据工件对表面粗糙度和精度的要求而定。（　　）

54. 螺纹应具有光滑的表面,不得有影响使用的夹层、裂纹和毛刺。（　　）

55. 安装螺纹车刀时,刀尖不必和工件轴线等高。（　　）

56. 在工件上加工出内、外螺纹的方法,主要有切削加工和滚压加工两类。（　　）

57. ⊢ 为发光二级管的符号。（　　）

58. 隔离刀开关由于控制负荷能力很小,也没有保护线路的功能,所以通常不能单独使用。（　　）

59. 低压熔断器熔体额定电流大于或等于该支路的实际最大负荷电流,但应小于支路中最细导线的安全电流。（　　）

60. 万用表不用时,最好将挡位旋至交流电压最高挡,避免因使用不当而损坏。（　　）

61. 电机中能量的转换主要以热能为媒介,其运行效率高。（　　）

62. C650 车床在控制电路中实现了反接串电阻制动控制。（　　）

63. 新砂轮平衡前要检查砂轮是否有裂纹、缺口,首次使用的砂轮至少要空转 5 分钟。（　　）

64. 施工现场出入口应标有企业名称或企业标识,主要出入口明显处应设置工程概况牌,大门内应设置施工现场总平面图和安全生产、消防保卫、环境保护、文明施工和管理人员名单及监督电话牌等制度牌。（　　）

65. 机械伤害主要指机械设备运动、静止部件、工具、加工件直接与人体接触引起的夹击、碰撞、剪切、卷入、绞、碾、割、刺等形式的伤害。（　　　）

66. 中华人民共和国环境保护法本法适用于中华人民共和国领域但不适用于中华人民共和国管辖的其他海域。（　　　）

67. 环境保护是指人类为解决现实的或潜在的环境问题，协调人类与环境的关系，保障经济社会的持续发展而采取的各种行动。（　　　）

68. 信息可以是记录、规范、程序文件、图样、报告和标准等。（　　　）

69. GB/T 19000 族标准和组织卓越模式提出的质量管理体系方法均依据共同的原则。（　　　）

70. 应用统计技术有助于了解变异，从而可帮助组织解决问题并提高有效性和效率。（　　　）

71. 机床箱体的主视图位置应尽量使其与机床中的工作位置一致，而投影方向与机床操作工目视方向一致。（　　　）

72. 机床箱体类零件由于结构、形状比较复杂，加工位置变化多，通常以最能反映形状特征的工作位置一面作为主视图的投影方向。（　　　）

73. 在产品设计中，一般先画出零件图，然后根据零件图设计出装配图。（　　　）

74. 识读零件图时，一般采用先外形，后内部，先主要部分，后次要部分，最后分析细部结构的步骤。（　　　）

75. 镗削加工的工艺安排一般尽可能使工序集中，力求在一次安装后完成多种工序加工。（　　　）

76. 镗削大型、复杂零件时，夹紧位置应力求使压点对准定位基准面，避免夹压力作用在工件的被加工部位上。（　　　）

77. 大型复杂零件安装时，一般是将零件的底平面作为安装基面，以安装平稳、可靠作为主要原则。（　　　）

78. 大型复杂工件在加工时往往要减少装夹次数及加工误差，故一次安装后能完成多次甚至全部加工。（　　　）

79. 采用一面双销定位时，其定位误差为转角误差组成的。（　　　）

80. 用一面两销定位时，菱形销的削边部分应位于销的连线方向上。（　　　）

81. 组合夹具外形较大，结构较笨重，从而刚度好。（　　　）

82. 组合夹具组装前必须熟悉组装工作的原始资料，即了解工件的加工要求，工件的形状、尺寸和其他技术要求及使用的机床、刀具等情况。（　　　）

83. 机床箱体夹零件由于形体复杂、尺寸数量多，在标注零件尺寸时，常选用主轴孔的轴线作为箱体长宽高的尺寸基准。（　　　）

84. 加工大型圆弧面上的圆周分度孔，一定要使大型圆弧的轴线与回转工作台的轴线重合才能加工。（　　　）

85. 用浮动镗刀块镗削，可以纠正被镗孔轴线的直线度误差和位置度误差。（　　　）

86. 多刃铰刀副切削刃上磨有外圆刃带，这意味着刀具的后角为零度，而没有后角的切削是正常的。（　　　）

87. 小直径深孔精镗时，可采用带减振装置的镗刀杆，采用小背吃刀量多次进给的方法，

避免产生振动和提高表面精度。（　　　）

88. 一般大直径深孔的镗削可采用微调单刃镗刀镗削。（　　　）

89. 用等弦长法计算节点时比等间距法程序段少一些,当曲线曲率半径变化较小时,所求节点过多,适用于曲率变化较大的情况。（　　　）

90. 非圆曲线的二维节点的计算方法包括等间距法、等弧长法和等误差法。（　　　）

91. 用等误差法计算非圆曲线节点坐标时,必须已知曲线的方程。（　　　）

92. 用户宏程序既可由机床生产厂提供,也可由机床用户厂自己编制。（　　　）

93. 正确合理的润滑机床,可以减少机床相对运动的磨损,延长机床的使用寿命,提高机械效率,是保证机床连续正常工作的重要措施。（　　　）

94. 接触器的主触头,热继电器的热元件接在控制电路中,接触器的辅助触头,热继电器的常闭触头接在主电路中。（　　　）

95. 数控机床操作者必须在机床起动后进行"归零"操作。（　　　）

96. 空间斜孔一般是指双斜孔,被加工孔与基面成空间角度,加工前必须搞清空间轴线在坐标系中的角度关系。（　　　）

97. 空间斜孔只能在坐标镗床上用万能回转工作台加工。（　　　）

98. 即使在万能镗床上配置坐标测量系统,在工件上增加辅助基准以及利用回转工作台,斜孔也不能在万能镗床上加工。（　　　）

99. 在加工薄壁工件时,在粗镗时切去绝大部分余量。在粗镗结束后,应将各夹紧点松一下,让工件恢复塑性变形。（　　　）

100. 对形状复杂的薄壁工件来说,一般选取面积最大,而且与各镗削孔有位置精度要求的平面为该工件的主要定位基准面。（　　　）

101. 对薄壁工件定位时,定位点尽可能距离大些,以增加接触三角形的面积,增加接触刚度。（　　　）

102. 在加工不同直径的同轴孔时,能同时用主轴和平旋盘装刀杆进行镗削加工。（　　　）

103. 在箱体工件的同一轴线上有一组相同孔径或不同孔径所组成的孔系,称为垂直孔系。（　　　）

104. 当成批和大量生产时,箱体零件同轴孔系的加工一般采用窜位法加工。（　　　）

105. 用坐标法镗削平行孔系,是按孔系之间相互位置的水平尺寸关系,在镗床上借助测量装置,调整主轴在水平方向的相互位置来保证孔系之间孔距精度的一种方法。（　　　）

106. 在利用坐标法镗削过程中合理选用原始孔和确定镗孔顺序,是获得较高孔距精度的重要环节。（　　　）

107. 移动坐标法镗削平行孔系方法之一是以普通刻线尺和游标尺测量定位。（　　　）

108. 大批量生产一般精度要求的同轴孔系采用多刀多刃镗削加工方法。（　　　）

109. 在大批量生产中,为了提高劳动生产率,对高精度的同轴孔系常采用单刀多刃的镗削加工方法。（　　　）

110. 对于孔轴线相交或交叉平行于安装基面的孔,可利用机床的回转工作台旋转进行找正,当垂直度要求较高时,用百分表配合找正。（　　　）

111. 空间相交孔系的技术要求除孔自身的精度要求外,还要保证相交轴线的夹角要求和孔距要求。（　　　）

112. 空间相交孔系中,孔轴线之间的夹角精度一般由回转工作台的分度精度来保证。（　　）

113. 圆柱、圆锥上的圆周分度孔系的工件,一般均放在转台上加工。（　　）

114. T型槽加工时,一般是先加工出直槽,然后再用成型刀具加工 T 槽。（　　）

115. 用刨床也可以加工 T 型槽。（　　）

116. 在镗床上铣削平面时,主轴箱和立柱导轨的运动间隙,会影响工件的平面度。（　　）

117. 镗削平面时,要增加刀杆刚性,适当增大铣削用量,才能保证工件的平面度。（　　）

118. 在坐标镗床上铣削平面时,应采用工作台作进给运动,为防止机床变形,铣削用量应较小。（　　）

119. 工件上只有一个斜平面时,可按工件图样要求划出加工线,在镗床回转工作台上进行加工。（　　）

120. 箱体类零件主要加工表面是平面和轴孔,应采用粗精分开,先粗后精的原则。（　　）

121. 组合机床加工箱体,其特点是工序集中,较多的采用复合刀具和专用刀具,粗精加工尽可能在一台机床上进行。（　　）

122. 特种陶瓷采用纯度较高的天然原料,沿用传统陶瓷的加工方法制得的陶瓷,具有各种特殊的力学、物理和化学性能。（　　）

123. 变形铝合金具有优良的塑性,可在常温或高温下挤压变形,因此可制作一些薄弱、形状复杂、尺寸精度要求高的结构件和零件。（　　）

124. 镗削铸铁工件,刀具材料应选用钨钴钛类硬质合金。（　　）

125. 镗削不锈钢时,应选择较大的前角,当不锈钢的硬度低,塑性高时前角则应小一些,以减少切削变形及后刀面与加工表面间的摩擦。（　　）

126. 在镗床上镗削不完整孔不宜采用浮动镗刀镗削,应采用单刃镗削。（　　）

127. 在采用配圆的工艺方法加工缺圆工件时,为了节省材料,在加工精度要求不高的条件下,可以只配直径不同部分的圆弧。（　　）

128. 孔距通常用千分尺和游标卡尺直接测量。（　　）

129. 斜孔镗削完毕以后,孔的尺寸、形状公差,可以采用通用量具或专用量具进行检验。（　　）

130. 气动量仪可以测量零件的内孔直径、外圆直径、锥度、圆度、同轴度、垂直度、平面度以及槽宽等。（　　）

131. 正弦规的测量精度与零件角度和正弦规中心距有关,即中心距愈大,零件角度愈大,则精度愈高。（　　）

132. 根据零件角度和正弦规中心距先算出量块高度,然后可检测零件表面与平板平行度误差。（　　）

133. 正旋规的精度等级分为 0 级和 1 级。（　　）

134. 正弦规是利用正弦定义测量角度和锥度等的量规,也称正弦尺。（　　）

135. 交叉孔的中心距可以直接用游标卡测量出来。（　　）

136. 用三坐标测量仪能精准的测量出交叉孔间的中心距和孔的角度。（　　）

137. 测量精度要求不高的交叉孔中心距时,可以用辅助的方法在机床上直接测量,然后计算得出。(   )

138. 斜孔轴线的位置度只能通过三坐标测量仪测量。(   )

139. 用工艺孔对斜孔的角度进行检验是一种直接的检验方法。(   )

140. 在大批量的生产中,斜孔轴线的位置度测量可以制作专用的检测工装来检测。(   )

141. 斜孔的角度和坐标位置是否符合图纸要求。用一般的测量手段就可以对斜孔作精确的测量。(   )

142. 斜孔的角度精度只能采用工艺孔,用测量棒为基准进行检验。(   )

143. 比较法是把被测零件的表面与粗糙度样块进行比较,确定零件表面粗糙度,优点是精度高,测量简便、迅速。(   )

144. 坐标镗床加工平面后表面粗糙度 Ra 的允许值不大于 $0.8\ \mu m$。(   )

145. 用机床坐标定位加工孔系,是依靠移动工作台或主轴箱及控制坐标装置确定孔的坐标位置,所以机床坐标定位精度不影响被加工孔距的精度。(   )

146. 机床坐标移动直线度,纵横坐标移动方向的平行度,主轴移动方向对工作台台面垂直度都会引起加工孔距误差。(   )

147. 机床导轨与下滑座之间有一定的配合间隙,当工作台正、反方向进给时,下滑座通常是以相同的部位与导轨接触,因而不会造成工作台正、反方向进给移动时发生偏移。(   )

148. 解决镗孔悬伸过长的办法可改用主轴进给为工作台进给镗削,若能在刀杆上装配把刀时,应使两刀受力方向相反。(   )

149. 镗模套的磨损将增大镗模套与镗杆间的间隙,从而增大孔径误差,因此对夹具上的定位元件、导向元件应定期检查更换。(   )

150. 工件安装的位置,尽量接近检验机床坐标定位精度时的基准位置。(   )

151. 主视图应尽量按零件在机械加工中所处的位置作为主视图的位置。(   )

152. 用镗刀镗孔时,调整刀具和对刀所消耗的辅助时间比较少,可提高生产率。(   )

153. 箱体工件调头镗削加工精度可达 H6 级,适用单件和中、小批生产。(   )

154. 夹紧工件时,夹紧力大小既要使工件在加工中不产生移动或振动,又不能使工件产生过大的变形和损伤。(   )

155. 镗削大型、复杂零件时,装夹、压紧位置应避免装夹压紧力作用在工件的被加工部位上。(   )

156. 双刃镗刀由于两个切削刃同时工作,刀杆及导套所受的径向力较小,因而切削平稳。(   )

157. 薄壁工件在加工过程中常因夹紧力、切削力和热变形的影响而引起变形。(   )

158. 加工有色金属时宜采用含硫的切削液,以为细化表面粗糙度。(   )

159. 加工铸铁、铜、铝等脆性材料时,一般不加切削液。(   )

160. 用键槽铣刀加工封闭式矩形直角沟槽时须在工件上预钻落刀槽。(   )

161. 用平头刀镗削 T 形直角沟槽时,平头刀的切削刃一定要贴平加工面。(   )

162. 在使用平底刀加工斜面时,不倒角刀具加工是最理想的状况,抛光去掉刀痕即可得标准斜面。(   )

163. 镗削加工时,若工件上某个表面因余量不足而导致工件报废时,则应以不加工表面作为粗基准。(　　　)

164. 数控镗床逆铣时,作用在工作台的切削力与进给推力的方向相反。(　　　)

165. 新型涂层硬质合金具有优异的耐磨性,是用于难加工材料切削的优良刀具材料之一。(　　　)

166. 交叉孔轴线垂直度属定位公差。(　　　)

167. 垂直孔系垂直度的检测时,用 90°角尺检测不在同一平面内的两垂直孔轴线的垂直度。(　　　)

168. 采用工艺孔加工的方法检验斜孔,精度较低。(　　　)

169. 槽系组合夹具是通过定位销和螺栓来实现元件之间的组装和紧固。(　　　)

170. 镗杆进给悬伸镗削法一般适用于粗加工。(　　　)

171. CBN 烧结体刀具适用于高硬度钢及铸铁等材料的切削加工。(　　　)

172. CBN 刀具刃口锋利,热传导率高,刃尖滞留的热量较少,可将积屑瘤的发生控制在最低限度之内。(　　　)

173. 高温合金切削后,其表层硬化程度比基体大 50%～100%。(　　　)

174. 缺圆孔由于为非整圆,镗削该孔时,切削力变化大、冲击大,一般多采用多刃镗刀镗削。(　　　)

175. 箱体孔系任何一个轴孔的尺寸超差连同孔的形位精度超差一起,都会造成轴承与孔的配合不良。(　　　)

176. 测量沟槽宽度时,应使游标卡尺两测量刃的联线于沟槽成 45°斜角。(　　　)

177. 组合夹具外形尺寸较大、笨重,且刚性强。(　　　)

178. 为保证零件的加工精度,一般将夹具的制造公差定为相应尺寸公差的 1/3～1/5。(　　　)

179. 最小包容区域的"大小"是由被测实际要素的实际状态决定的,属于"公差"问题。(　　　)

180. 在大型角铁上装夹工件时,必须重视工件重力的影响。(　　　)

181. 在测量斜孔位置及位置度时,利用三坐标的有利条件可对轴线进行旋转,从测量的一致性来讲,按角度旋转明显优于按距离旋转建立的坐标系。(　　　)

182. 1Cr18Ni9Ti 的塑性及韧性较大,容易产生粘刀现象,使刀具容易崩刃、磨损。(　　　)

183. 常用的磁钢有 Al-Ni-C05 和 Al-Ni-C08 两种,通称为五类磁钢和八类磁钢。(　　　)

184. 箱体孔系任何一个轴孔的尺寸超差,连同孔的形位精度超差一起,都会造成轴承与孔的配合不良。(　　　)

185. 箱体零件是机器的基础零件之一,也是加工周期较短,且易于加工的零件之一。(　　　)

186. 在利用 CAD/CAM 软件进行数控编程时,对残余高度的控制是刀轨行距计算的主要依据。(　　　)

187. 数控镗床主轴锥孔的孔径大小虽有限,但它仍有足够的刚度承受尺寸较大的多刃端面铣刀的切削力。(　　　)

188. 在燕尾槽的特点是在一侧的长度方向上常带有 1∶50 的斜度,燕尾槽铣刀的切削部分的角度一般为 55°和 60°。(　　)

五、简　答　题

1. 箱体零件的检验项目主要包括哪些?
2. 简述镗削加工方法的种类。
3. 简述镗刀镗孔的优点。
4. 说明箱体工件调头镗削特点。
5. 镗床加工箱体工件的优越性是什么?
6. 试述夹具的选用原则。
7. 机床夹具的作用是什么?
8. 装夹薄壁工件应注意哪些问题?
9. 简述大、重型零件的一般安装方法。
10. 镗床用铣刀按用途分为几种?
11. 简述浮动镗刀特点。
12. 简述可调机夹浮动镗刀特点。
13. 简述单刃镗刀的安装步骤。
14. 简述单刃镗刀刀具的调整。
15. 简述双刃镗刀特点。
16. 用镗刀镗孔时,为什么背吃刀量大,进给量不宜过小?
17. 简述液压系统中常用压力控制回路的种类有哪些。
18. 简述气压系统的组成。
19. 每用对镗床都应该进行哪些保养?
20. 阐述在数控镗床上加工双斜孔的步骤。
21. 简述镗削的原则。
22. 镗削工艺方法是如何选择的?
23. 镗削精度一般包括哪些内容?
24. 简述薄壁工件的一般工艺特点。
25. 为什么说提高刚性、防止变形是薄壁工件装夹的重要问题?
26. 复杂薄壁箱体镗削加工中应注意哪些问题?
27. 难加工材料是如何加快刀具磨损的?
28. 简述镗刀安装时的注意事项。
29. 平行孔系加工的主要技术要求是什么? 用什么加工方法保证?
30. 简述镗孔时刀具的磨损及改善的方法。
31. 何为误差补偿技术?
32. 加工垂直孔系时有哪些找正方法?
33. 工件的孔系有几种及各自包含的内容?
34. 箱体工件垂直交叉孔镗削后,要作哪些精度检测?
35. 保证镗床铣削平面精度应遵循的基本原则?

36. 一般哪些零件在数控镗床上进行铣削加工？

37. 简述镗削加工时，用毛基准定位的注意事项。

38. 简述在数控镗床上加工复杂箱体零件的优点。

39. 简述镗孔时防止孔中心线的直线度误差产生的措施。

40. 在镗削缺圆孔时会出现什么现象？说明工艺选择及注意事项？

41. 在镗削缺圆孔时易产生什么误差？有何措施？

42. 孔的直线度是如何检验的？

43. 如何在镗床上进行交叉孔系的加工和检测？

44. 垂直孔系垂直度的检测方法常用的有哪几种？

45. 在镗床上加工和测量双斜孔和单斜孔时，如何改变孔的位置？

46. 如果某平面的平面度误差为 $20~\mu m$。其垂直度误差能否小于 $20~\mu m$？为什么？

47. 机床的调整误差主要有哪些？

48. 试述镗削加工的原则。

49. 在万能镗床上用镗模加工箱体，在工艺上应采取什么措施？

50. 试述箱体工件镗模镗削的特点。

51. 简述组合夹具与专用夹具相比具有哪些特点。

52. 简述深孔加工的工艺特点。

53. 镗削外圆柱面时，安装镗刀必须注意哪些方面？

54. 用平旋盘装刀法镗削外圆柱面有哪些特点？

55. 比较说明回转法和心棒找正法镗削垂直孔系的特点？

56. 怎样排除进入液压缸的空气？

57. 在镗削斜孔中采取哪些方法可增加镗轴的刚度？

58. 气压传动装置有何优点？

59. 在数控镗床上镗削薄壁工件时，表面粗糙度达不到要求的主要因素有哪些？

60. 加工圆周分度孔时，一般常用哪几种方法？

61. 镗孔过程中，哪些因素会使被镗孔产生圆柱度误差？解决的措施有哪些？

62. 镗削工件有哪些主要装夹方法？

63. 当扩孔前发现孔的轴心线有较大的位置偏移时，可采取哪些有效措施加以纠正？

64. 在数控镗床上铣 T 形槽时应注意什么？

65. 怎样对刀头宽度不大的平头形、V 形外园镗刀进行刃磨？

66. 用平旋盘装刀铣削较大平面时，加工后的表面出现中凹或中凸现象的主要原因是什么？

67. 在数控镗床上铰孔时孔径扩大的主要原因是什么？

68. 在切削难加工材料时，通常出现的刀具磨损包括哪两种形态？

69. 何为缺圆孔？（请举例说明）

70. 请简述颤振系统的特性。

71. 阐述利用旋转台在数控镗床上检测双斜孔的步骤。

72. 如何提高机床主轴的回转精度？

六、综 合 题

1. 试述镗模加工的特点?

2. 工件以一孔双孔作为定位基准时,定位元件为什么采用一个圆柱销和一个削边销?

3. 如图 7 所示,工件以 $\phi160_{-0.012}^{\ 0}$ mm 的外圆柱面在 V 形块中定位,加工大端 120° 两斜面。保证加工尺寸 $A_{-0.024}^{\ 0}$。求:定位误差(V 形块夹角 $a=60°$)。

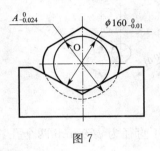

图 7

4. 如图 8 所示,在 V 形块上定位加工键槽,V 形块夹角 $\alpha=90°$,工件直径 $D=\phi240_{-0.045}^{\ 0}$ mm,加工键槽深度以 A_1、A_2 和 A_3 三种方法标注。求:这三种标注方法的定位误差 ΔD_1、ΔD_2、ΔD_3 各为多少?

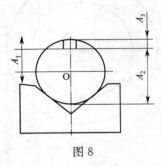

图 8

5. 将图 9 所示孔的极坐标尺寸转换成直角坐标尺寸。求:X_A、X_B、Y_A 的值。

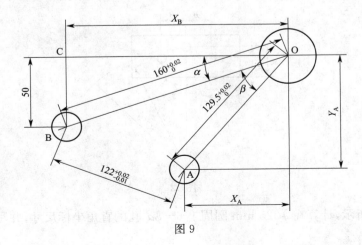

图 9

6. 将图 10 所示孔的极坐标尺寸换算成直角坐标尺寸。求：X_{II}、Y_{II}、X_{III}、Y_{III} 和 X_{IV}、Y_{IV} 值。

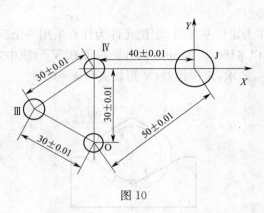

图 10

7. 如图 11 所示,工件上要加工直径为 $\phi20$ mm 两个孔 A 和 C,已知 A 孔的两个直角坐标值,试求：A、C 两孔的极坐标值。

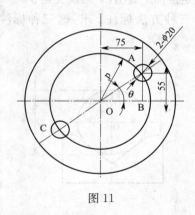

图 11

8. 将图 12 所示孔的极坐标尺寸转换成直角坐标尺寸。求：A 和 B 的值。

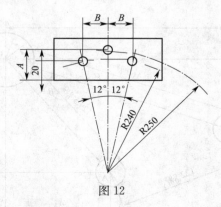

图 12

9. 如图 13 所示,计算在 $\phi325$ mm 圆周上 6—ϕd 孔的直角坐标尺寸,并写出孔 1~6 具体尺寸。

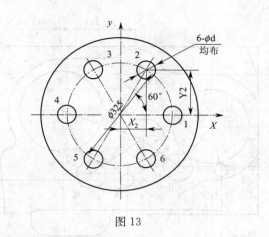

图 13

10. 如图 14 所示,请计算大圆弧工件上两条夹角为 15° 的两孔轴线与转台中心距离 AO 与 BO。

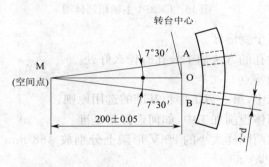

图 14

11. 将图 15 所示孔的极坐标尺寸换算成直角坐标尺寸。求 X_{II}、Y_{II}、X_{III}、Y_{III} 和 X_{IV}、Y_{IV} 值。

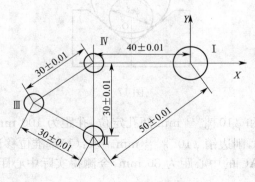

图 15

12. 如图 16 所示 C620-1 主轴箱箱体图,采用坐标法镗削平行孔系,试分析确定加工原始孔并合理确定镗孔顺序。

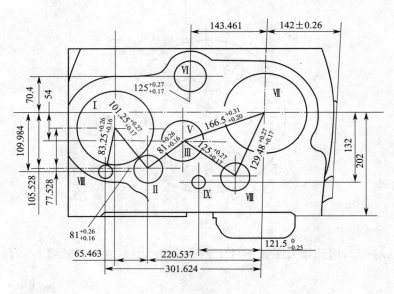

图 16　C620-1 主轴箱箱体图

13. 试述切削时的三个变形区。

14. 试述采取调头镗孔的方法加工长孔有什么好处。

15. 试述镗模加工的特点。

16. 试述在箱体加工中,第一道工序粗基准的选用原则。

17. 试述在分离式箱体镗削加工中,如何选择精基准。

18. 如图 17 所示,在两同样大小的 90°V 形架上分别放 $\phi68$ mm 和 $\phi120$ mm 的圆柱,它们的外圆高度差 H 是多少?

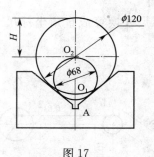

图 17

19. 某工件以底平面和 $\phi10^{+0.015}_{0}$ mm 两孔定位,孔距为 100 mm±0.028 mm,选择其中定位销直径 $\phi10^{-0.005}_{-0.014}$ mm,削边销 $\phi10^{-0.034}_{-0.043}$ mm。求:(1)基准位移误差;(2)转角误差 $\tan\vartheta$?

20. 图 18 为一箱体,AC 的中心距为 80 mm,今测得实际中心距 AC′ 为 80.20 mm,试求垂直坐标误差 δ 值?

21. 在某工序中,以工件底平面和两孔定位,$\phi125^{+0.023}_{0}$ 孔选圆柱销定位,圆柱销直径 $d_1 = \phi125^{-0.008}_{-0.012}$ mm,$\phi90^{+0.028}_{0}$ 孔采用削边销定位,削边销圆弧部分直径 $d_2 = \phi90^{-0.005}_{-0.010}$ mm,两孔中心距为 200 mm±0.020 mm,试确定这种定位方法的转角误差 $\tan\vartheta$?

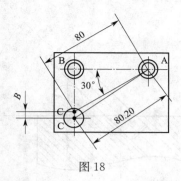

图 18

22. 试述数控机床日常维护内容的分类。

23. 在数控镗床上加工斜孔都有哪些方法?

24. 为了防止和减小振动,在选择镗刀几何角度时,应考虑哪些问题?

25. 试述镗孔车刀的安装方法。

26. 镗孔加工中的注意事项有哪些?

27. 圆柱孔的技术精度包括哪几项?

28. 加工孔系时,找正镗床主轴起始坐标位置的常用方法有哪几种? 各有何特点?

29. 如图 19 所示,用数控镗床加转台在工件的外圆上铣两条宽度为 20H7,深为 12 mm 的螺旋槽,这两条螺旋槽的导程在槽的全长上是不相等的,试论述工件的安装与找正。

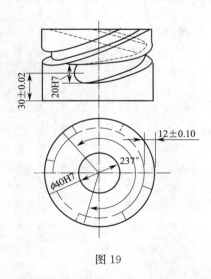

图 19

30. 在数控镗床上利用平旋盘装刀进行铣削,有哪两种不同的进给方式? 试比较其加工特点。

31. 在数控镗床上加工零件时,常用哪几种定位方法? 各有什么特点?

32. 如何利用数控镗床主轴外径来安装铣刀来铣削大平面?

33. 在数控加工中如何控制残余高度(即:相邻刀轨间残留)?

34. 请叙述用刀尖不倒角平头立铣刀加工斜面时的状态?

35. 如图 20 所示:已知 d_1、d_2、α、L_2,求:L_1。

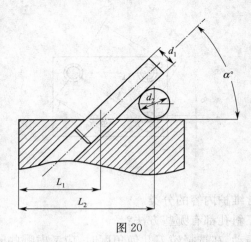

图 20

36. 切削加工大致分为哪几类？请比较切削热对各类切削方式的影响？
37. 保证零件加工精度需满足哪些条件？
38. 在数控镗床上铣削平面时，应注意些什么？
39. 孔系的镗削特点是什么？

数控镗工(高级工)答案

一、填 空 题

1. 投影线
2. 主视图(正视图)
3. 基本投影面
4. 尺寸基准
5. 组成及装配关系的
6. 变动量
7. 实际形状
8. 主要基准
9. 基孔
10. 轮廓算术平均偏差
11. 其余
12. 金属材料
13. 性能
14. 工艺性能
15. 白口铸铁
16. 组织结构
17. 平均含碳量的万分之几
18. 铬与腐蚀介质中的氧作用
19. 有色金属
20. 低温回火
21. 非金属材料
22. 热轧退火(或正火)
23. 刃具、模具、量具
24. 抗氧化能力
25. 未淬火
26. 高弹性
27. 链传动
28. 刀具移动
29. 表面质量
30. 装配基准
31. 流动
32. 磨削加工的刀具
33. 砂轮代号
34. 人工磨料
35. 刀具与工件之间的相对运动
36. 切削要素
37. 量具
38. 精确度
39. 分度值
40. 测量杆移动
41. 自由度
42. 化学稳定性
43. 控制介质
44. 不相关的
45. 准备功能
46. POS 键
47. 盘、套、板类零件
48. 程序字
49. 地址符
50. 程序段号
51. 准备功能
52. 划线工具
53. 表面粗糙度和精度
54. 切削液
55. 内、外螺纹
56. 刀具
57. 棕绿橙金
58. 万能转换开关的型号
59. 低压熔断器
60. 最高挡
61. 电能与机械能或电能与电能相互转换
62. 灭弧方法
63. 接触到带电体
64. 磨损变形
65. 机械伤害
66. 环境
67. 人类活动
68. 信息分析
69. 预见性
70. 产品要求
71. 图装配
72. 投影方向
73. 装配
74. 拆去
75. 粗而短
76. 变形
77. 定位基准
78. 批量
79. 一面双孔
80. 位移
81. 基础件
82. 拆卸方便
83. 工作台中间
84. 垂直
85. 调节
86. 直角型
87. 切削位置
88. 弹簧
89. 等弦长法
90. 等误差法
91. 非圆曲线
92. 子程序
93. 工作台
94. 压力和流量
95. 机床振动
96. 不高
97. 圆柱销
98. 平行
99. 位置精度
100. 刚度
101. 镗削用量
102. 孔深
103. 同轴孔系
104. ± 0.02
105. 原始孔
106. 相互位置
107. 定位方式
108. 高精度
109. 案多刀多刃
110. 转台
111. 位置精度要求高
112. 空间相交
113. 镗模

114. 逐点	115. 椭圆	116. 圆盘端面	117. 表面粗糙度
118. 尺寸精度	119. 回转工作台	120. 先粗后精	121. 定位基准
122. 高分子	123. 马氏体	124. 低	125. 二硫化钼
126. 配圆	127. 工作行程	128. 测量	129. 极限尺寸
130. 被测量面	131. 角度	132. 锥度	133. 45°
134. 正弦规	135. 坐标位置	136. 两	137. 空间坐标点
138. 大	139. 平行度和垂直度	140. 准直仪	141. 被检长度
142. 着色法	143. 表面粗糙度	144. 表面粗糙度	145. 平移和倾斜
146. 读数系统	147. 主轴移动	148. 不平行于	149. 辅助支承
150. 辅助块	151. 机器中的工作位置		152. 安装关系

153. 大量的调整、找正　　　　　154. 搭积木　　　　　155. 技术文件

156. 毛坯形状不规则 157. 自动定心　　158. 冲合闸实验　159. 用于检验的量具

160. 零件精度　　161. 刚度　　　　162. 坐标法　　　163. 下限尺寸

164. 形状精度误差　165. 中间位置　　166. 预钻落刀槽　167. 万能刀架

168. 加工平面与斜面重合　　　　169. CAM 软件　　170. 不倒角

171. 基准统一　　172. 逆铣　　　　173. 变镗长孔为镗短孔

174. 形状简单　　175. 带状的缠绕屑　176. CBN

177. 直径相等且互相平行　　　　178. 平行度关系　179. 工艺系统

180. 余量均匀　　181. 略小　　　　182. 稀有难熔金属碳化物

183. YG813　　　184. 误差非敏感　185. 正弦定义

186. 刀具与机床的连接　　　　　187. 传动链中首末两端传动元件

188. 表面粗糙度

二、单项选择题

1. C	2. D	3. B	4. B	5. C	6. D	7. D	8. C	9. B
10. A	11. C	12. C	13. C	14. C	15. A	16. D	17. C	18. B
19. C	20. C	21. A	22. D	23. D	24. C	25. D	26. D	27. A
28. A	29. C	30. D	31. D	32. B	33. D	34. B	35. A	36. D
37. A	38. D	39. B	40. C	41. D	42. D	43. A	44. C	45. D
46. B	47. D	48. A	49. D	50. C	51. B	52. A	53. B	54. C
55. D	56. D	57. C	58. D	59. A	60. D	61. A	62. B	63. C
64. B	65. A	66. D	67. B	68. B	69. B	70. B	71. B	72. D
73. A	74. B	75. A	76. B	77. C	78. B	79. A	80. D	81. C
82. B	83. A	84. A	85. B	86. B	87. B	88. D	89. A	90. B
91. D	92. A	93. B	94. C	95. A	96. B	97. D	98. C	99. A
100. C	101. B	102. D	103. D	104. A	105. B	106. B	107. C	108. A
109. C	110. A	111. C	112. A	113. B	114. A	115. D	116. B	117. B
118. D	119. A	120. C	121. C	122. A	123. C	124. C	125. C	126. B
127. B	128. D	129. A	130. D	131. B	132. B	133. B	134. C	135 B

136. C　137. C　138. D　139. C　140. C　141. C　142. B　143. C　144. B
145. C　146. C　147. C　148. A　149. B　150. D　151. B　152. A　153. B
154. B　155. A　156. D　157. C　158. D　159. A　160. B　161. A　162. B
163. B　164. C　165. C　166. D　167. B　168. C　169. B　170. B　171. A
172. A　173. B　174. A　175. D　176. C　177. D　178. C　179. C　180. A
181. B　182. A　183. B　184. C　185. B

三、多项选择题

1. BC　2. ACD　3. CD　4. ABCD　5. ACD　6. DCAB
7. BAC　8. ABC　9. ABD　10. BCD　11. BCD　12. ACD
13. AC　14. ABC　15. BC　16. CD　17. ABC　18. AB
19. CD　20. ABC　21. BCD　22. BCD　23. CD　24. ABCD
25. AC　26. ABC　27. AB　28. ABCD　29. ABD　30. ACD
31. CD　32. BCD　33. BCD　34. ABD　35. AC　36. ABC
37. ABC　38. ABC　39. BCD　40. ACD　41. ABCD　42. ACD
43. FECDBA　44. ACD　45. BCD　46. AD　47. ACD　48. BCD
49. ABC　50. ACD　51. ABD　52. AD　53. AC　54. ABC
55. AB　56. ABC　57. ACD　58. ABC　59. CD　60. ACD
61. ABC　62. ACDE　63. ABC　64. ACD　65. ABC　66. ABD
67. ABD　68. CD　69. AC　70. AB　71. AD　72. ABC
73. ABD　74. ABC　75. BCD　76. AC　77. BCD　78. BCD
79. ABCD　80. AC　81. ABD　82. BC　83. ABD　84. AC
85. ACD　86. ABD　87. CD　88. ABC　89. ABC　90. BC
91. ABC　92. BD　93. BD　94. BC　95. AD　96. ACD
97. AD　98. AD　99. BCD　100. AD　101. BC　102. AB
103. ABCD　104. AB　105. BC　106. AB　107. ABD　108. BCD
109. BCD　110. ABCD　111. AB　112. ACD　113. ACD　114. ACD
115. AD　116. AB　117. ABCD　118. ABCD　119. ACD　120. ABC
121. BCD　122. ABCD　123 ABCD　124. ABD　125. ABC　126. AB
127. BCD　128. BD　129. ACD　130. BCD　131. ABC　132. ABCD
133. ACD　134. AB　135. CD　136. AB　137. ABD　138. ABC
139. BC　140. ACD　141. ABCD　142. ABC　143. ABCD　144. ABCD
145. CD　146. ABCD　147. ABCD　148. ABCD　149. ABCD　150. ABC
151. BCD　152. ABC　153. BCD　154. ABCD　155. ABCD　156. ABC
157. ABCD　158. BCD　159. AC　160. BCD　161. ABC　162. ABD
163. BCD　164. ABCD　165. ABCD　166. BCD　167. BC　168. ABCD
169. AB　170. ABCD　171. BCD　172. ABCD　173. ACD　174. ABCD
175. ABC　176. ABCD　177. ABCD　178. ABCD　179. ABCD　180. ACD
181. ABCD　182. AD　183. ABCD　184. ABCD　185. BC

四、判 断 题

1.√　　2.×　　3.×　　4.√　　5.×　　6.√　　7.√　　8.√　　9.×
10.×　11.√　12.√　13.√　14.×　15.√　16.√　17.√　18.√
19.×　20.√　21.√　22.×　23.√　24.×　25.√　26.√　27.√
28.×　29.√　30.×　31.√　32.√　33.√　34.√　35.√　36.√
37.×　38.√　39.√　40.×　41.√　42.√　43.√　44.√　45.√
46.×　47.√　48.√　49.√　50.√　51.√　52.√　53.√　54.√
55.×　56.√　57.×　58.√　59.√　60.√　61.×　62.√　63.√
64.√　65.√　66.×　67.√　68.√　69.√　70.√　71.√　72.√
73.×　74.√　75.√　76.√　77.√　78.√　79.×　80.√　81.×
82.√　83.×　84.√　85.√　86.√　87.√　88.√　89.√　90.×
91.√　92.√　93.√　94.×　95.√　96.×　97.√　98.√　99.√
100.√　101.√　102.√　103.×　104.√　105.√　106.√　107.√　108.√
109.√　110.√　111.√　112.√　113.√　114.√　115.√　116.√　117.×
118.√　119.√　120.√　121.√　122.√　123.√　124.√　125.√　126.√
127.√　128.√　129.√　130.√　131.√　132.√　133.√　134.√　135.×
136.√　137.√　138.×　139.√　140.√　141.√　142.√　143.√　144.√
145.√　146.√　147.√　148.√　149.√　150.√　151.√　152.√　153.×
154.√　155.√　156.√　157.√　158.√　159.√　160.√　161.√　162.√
163.×　164.√　165.√　166.√　167.√　168.√　169.√　170.√　171.√
172.√　173.√　174.×　175.√　176.√　177.×　178.√　179.×　180.√
181.√　182.√　183.√　184.√　185.√　186.√　187.×　188.√

五、简 答 题

1. 答：包括主要表面粗糙度及外观检验；主要孔的尺寸精度、孔和平面的形状精度(1分)；孔系的相互位置精度，即孔的轴线与基面的平行度(1分)；孔轴线的相互平行度及垂直度(1分)；孔的同轴度及孔距尺寸精度(1分)；主轴孔与端面的垂直度等(1分)。

2. 答：按镗削支承情况来分，可以分为悬伸镗削和支承镗削(1分)。
按机床类型来分，可以分为立式镗削和卧式镗削(1分)。
按镗刀的主切削刃来分，可以分为单刃镗削和双刃镗削(1分)。
按加工孔多少来分，可分为单孔镗削和孔系镗削(1分)。
按镗杆受力情况来分，可以分为推式镗削和拉式镗削(1分)。

3. 答：(1)加工工艺性好，适用范围广，不仅能加工通孔，还能加工盲孔、阶梯孔、交叉孔等(1分)；(2)加工精度高，表面粗糙度可达到 IT6～IT7 公差等级，孔的同轴度可达 $\phi0.01\sim\phi0.05$ mm，孔的位置度可达 $\pm0.01\sim\pm0.05$ mm，孔的表面粗糙度可达 $Ra3.2\sim Ra0.8$ μm(3分)；(3)如使用硬质合金刀片，可以进行高速镗削，生产率高(1分)。

4. 答：调头镗削，其特点是准备周期短，对机床要求高(1分)，工件定位基准要有较高精度，它万能性强(2分)，加工精度可达 H7 级，适用单件和中、小批生产(2分)。

5. 答:在镗床加工箱体工件一次安装要加工多种工序(2分),可降低生产成本,提高生产效率(2分),减轻劳动强度,保证箱体工件加工精度(1分)。

6. 答:正确选择定位基准,定位方法和定位元件,尽可能采用快速高效(3分),操作方便,利于排屑和加工、检验、装配(2分)。

7. 答:(1)保证加工精度(1分);(2)提高劳动生产率、降低生产成本(1分);(3)降低工人劳动强度(1分);(4)可由较低技术等级工人进行加工(1分);(5)扩大机床的使用范围(1分)。

8. 答:在装夹形状不规则的薄壁工件时,要保证夹紧力适当,压板着力处应有支承和垫铁,夹紧点要尽量做到均匀分布(2分)。对于铝合金工件尤其要注意夹紧力不可过大,作到粗镗后、精镗前要重新紧固,重新校正原始坐标基准点,防止精镗后工件产生变形,造成废品(3分)。

9. 答:大、重型零件一般都将零件的地面作为安装基面(1分)。若遇到外形复杂、特殊的零件,则应装上工艺凸台或利用铸造出的工艺凸台进行安装(3分)。在加工大、重型零件时,应首先考虑以作为安装基准(1分)。

10. 答:(1)加工平面用的铣刀(1分)。(2)加工直角沟槽用铣刀(2分)。(3)加工特种沟槽和特形表面的铣刀(2分)。

11. 答:浮动镗刀是一种孔加工的精密刀具(1分),其特点是浮动镗刀可在镗刀杆的精密方孔中滑动和在加工过程中(2分),依靠作用在对称切削刃上的切削力来实现自动定心(2分)。

12. 答:可调机夹浮动镗刀主要特点是采用了可转位不重磨硬质合金机夹刀片(3分),直径尺寸能方便地进行微量调节(2分)。

13. 答:(1)将刀桥用螺栓1连接在刀柄上(1分);(2)将精镗刀座安装在刀桥上(1分);(3)将配重块安装在滑动体上(2分);(4)刀具调整(1分)。

14. 答:(1)松开锁紧螺钉(1分);(2)根据刻度线粗调刀座,刀尖尺寸小于要加工尺寸0.5 mm左右(注意:通过复合调整精镗刀座与刻度盘来保证粗调尺寸)(2分);(3)拧紧锁紧螺钉,拧动调整螺钉(精镗刀座上的),顶紧锁紧螺钉杆部,以防让刀(1分);(4)用同样方法调整配重块,调好动平衡(1分)。

15. 答:(1)双刃镗刀由于两个切削刃同时工作,刀杆及导套所受的径向力较小,因而切削平稳(2分);(2)由于刀体有定位基准,所以装夹方便,可节省调刀时间(1分);(3)切削深度较大,两个切削刃同时工作,可提高效率3倍以上(2分)。

16. 答:如果背吃刀量和进给量过小的话,镗刀刀头的切削部分不时处于切削状态(1分),而是处于摩擦状态(1分),这样容易使刀头磨损(1分),从而使镗削后孔的尺寸精度和表面粗糙度达不到图样规定的技术要求(2分)。

17. 答:(1)调压回路(1分);(2)减压回路和增压回路(1分);(3)卸荷回路(1分);(4)背压和平衡回路(1分);(5)缓冲回路(1分)。

18. 答:(1)气源装置:压缩空气的发生装置及压缩空气的存储、净化的辅助装置(1分)。

(2)执行元件:将气体压力能转换成机械能并完成功动作的元件(2分)。

(3)控制元件:控制气体压力、流量及运动方向的元件(1分)。

(4)气动附件:气动系统中的辅助元件(1分)。

19. 答:(1)检查各按钮及限位开关有无松动、异常、动作是否正常(2分)。

(2)清洁配电箱内的灰尘,检查各电器元件及线路连接件有无松动并调整(2分)。

(3)检查电动机皮带张力,并予以调整或更换(1分)。

20. 答:(1)工艺分析。(2)角度分析,确定双斜孔属于第几种方向(1分)。(3)进行必要的工艺计算(1分)。(4)工件装夹与找正(1分)。(5)转台水平旋转,使双斜孔轴由双斜位置变为单斜位置(1分)。(6)转台倾斜旋转,使机床主轴轴线与待加工的斜孔轴线重合即可进行加工(1分)。

21. 答:镗孔加工的方法是根据生产类型、工件精度、孔的尺寸大小和结构,孔系轴线的数量以及他们之间的相互位置关系,确定合理的工艺流程(2分),并选用相应精度的机床设备、附件和工艺装备,以低成本、高效率为原则加工出符合设计要求的工件(2分)。工艺安排一般尽可能使工序集中(1分)。

22. 答:在镗床上加工工件,其方法主要取决于图样上所要求的精度、技术要求以及形状、尺寸大小、工件材料,装夹方式和生产规模(3分)。选用钻、扩,还是选用镗、铰,应先确定该面的最后加工方法,然后再选定前面一系列准备工序的加工方法和顺序(2分)。

23. 答:(1)加工面之间、加工面同基准之间的尺寸精度要求(2分)。

(2)加工面的几何形状精度要求(1分)。

(3)加工面同基准之间的位置精度要求(1分)。

(4)加工面的表面粗糙度要求(1分)。

24. 答:(1)刚性差,容易变形,影响工件的加工精度(2分)。

(2)形状不规则,一般较难利用其不规则的形状来定位(2分)。

(3)毛坯材料常用铸铁或铝合金(1分)。

25. 答:由于薄壁工件相对复杂、刚性差(1分),在加工过程中常因夹紧力、切削力和热变形的影响而引起变形,影响工件的加工精度(2分),所以说提高刚性、防止变形是薄壁工件装夹的重要问题(2分)。

26. 答:镗削复杂薄壁箱体时应注意:箱体主轴孔的精度(1分);孔与孔之间的相互位置精度(1分);轴孔与平面之间的相互位置精度(1分);平面的加工精度(1分);各加工表面的表面粗糙度(1分)。

27. 答:多数难加工材料的导热性极差,造成切削温度升高(2分),高温度往往集中在切削刃口附近的狭长区内,加快刀具的磨损(3分)。

28. 答:(1)刀杆伸出刀架处的长度应尽可能短,以增加刚性,避免因刀杆弯曲变形,而使孔产生锥形误差(2分)。(2)刀尖应略高于工件旋转中心,以减小振动和扎刀现象,防止镗刀下部碰坏孔壁,影响加工精度(2分)。(3)刀杆要装正,不能歪斜,以防止刀杆碰坏已加工表面(1分)。

29. 答:平行孔系的主要技术要求是保证各平行孔轴线之间以及空轴线与基准之间的尺寸精度和相互位置精度(2分)。它的加工方法有找正法(1分)、镗模法(1分)和坐标法(1分)。

30. 答:在镗孔过程中,尤其是镗削深孔,刀具不可避免地被磨损,被镗孔则呈锥形(2分)。为提高孔的加工精度,应选择耐磨性好的刀具材料,如硬质合金、涂层刀片等,提高刀具的耐用度(2分)。此外,还应合理地选择切削用量等(1分)。

31. 答:误差补偿(或称为误差修正、误差校正)技术,就是根据加工工件的已知误差曲线,在加工过程中的每个误差点位置(2分),按人的意志自动地或人为地输入一个与误差数值大小相等、方向相反的微小位移,使误差得到消除或减小(2分),从而提高加工精度的方法(1分)。

32. 答:在有回转工作台的镗床上,可利用回转工作台找正(1分);在无回转工作台的机床上,可用辅助基准,工艺基准进行找正(3分),另外还可以用检验心轴进行找正(1分)。

33. 答:工件孔系有平行孔系和垂直孔系两种(1分)。

(1)平行孔系:由若干个孔中心线相互平行的孔或同轴阶梯孔所组成(2分)。

(2)垂直孔系:有垂直相交和垂直交叉两种状态(2分)。

34. 答:箱体工件垂直交叉孔镗削后,除孔径尺寸检测外(1分),还要作以下精度检测:

(1)两孔与底面平行度的检测(1分)。

(2)两孔间孔距的检测(1分)。

(3)两孔轴线垂直度的检测(2分)。

35. 答:要保证工艺系统的刚性(1分),稳妥合理的装夹(1分),选用合适的刀具(1分),熟练的操作技能,能铣削出高难度、高质量的表面(2分)。

36. 答:以下零件常在镗床上进行铣削加工:

(1)孔对其他相关部分的加工精度要求较高,两次装夹易产生装夹误差的零件(2分)。

(2)不易装卸的大型笨重零件(1分)。

(3)结构形状复杂,加工工序多,且又是单件或小批量生产,有时还受到设备条件的限制,没有更合理的加工设备的零件(2分)。

37. 答:镗削加工时,用毛基准定位的工件,毛坯面不允许与卧式数控镗床工作台或精加工定位垫铁直接接触(2分)。毛基准与上述精度高的工作面之间不许用"打楔"方法(1分),必须加垫"防滑可调支承"进行水平线找正的操作(2分)。

38. 答:由于技术的发展,使各类卧式镗床的坐标定位精度和工作台回转分度精度有了较大提高(2分),高精度、高效地保证了高精度的长孔及垂直孔的镗削(1分)。另外数控刨台式镗床的大量生产和应用,从机床结构上使工作台回转180°自定位的调头镗孔,几乎成为在该种机床上镗削长孔的唯一方法(2分)。

39. 答:(1)应选择刚度好的镗杆,采用支承镗削法,改主轴进给为工作台进给等,以解决镗杆变形对加工精度的影响(3分)。

(2)通过修复导轨,调整工作台与导轨的配合间隙(1分)。

(3)对上道工序孔的几何精度应予以严格控制(1分)。

40. 答:在镗削缺圆孔时会出现让刀和振动现象,影响孔的质量(1分)。对加工精度要求较高的缺圆工件,可采用配圆的工艺方法进行镗削(1分)。采用配圆工艺时,为保证加工精度,须使所用的材料在硬度、加工性能、装夹刚性等方面与工件原材料尽量相同(3分)。

41. 答:在镗削缺圆孔时,切削力是变化的(1分),致使单刀镗削的精度受到一定的限制(1分),易产生圆度误差(1分)。为此,可增加走刀的次数,以减少切削力影响(2分)。

42. 答:孔的直线度检验:先利用一个长度较短的极限塞规测量合格后(2分),再用直线度综合塞规测量(1分),由塞规通过与否判断孔轴线直线度合格与否(2分)。

43. 答:在镗床上主要靠机床工作台上的90°对准装置(1分)。但有些镗床工作台对准装置精度较低,此时可用心棒与百分表找正来提高其定位精度(2分),即在加工好的孔中插入心棒,工作台转位90°,摇工作台用百分表找正(2分)。

44. 答:垂直孔系垂直度的检测方法常用的有:

(1)用一端带 90°锥度的检验心轴检测同一平面内的两垂直孔轴线的垂直度(2分)。

(2)用 90°角尺检测同一平面内的两垂直孔轴线的垂直度(1分)。

(3)用检验心轴和百分表检测不在同一平面内的两垂直孔轴线的垂直度(2分)。

45. 答:在镗床上加工和测量双斜孔时,通过水平方向旋转工作台(1分),就可使双斜孔位置变成单斜孔的位置(2分)。加工和测量单斜孔时,将转台倾斜方向旋转就会使单斜孔变成垂直孔(2分)。

46. 答:不能(1分)。因为被测平面的平面度误差的最小包容区域不涉及基准,其尺寸最小(2分);被测平面的垂直度误差的最小包容区域是涉及基准的,其尺度必然大于前者(2分)。

47. 答:机床调整误差:主要包括:进给机构的调整误差(1分)(主要指进刀位置误差)(1分)、定位元件的位置误差(1分)(使工件与机床之间的位置不正确,而产生误差)(1分)、模板或样板的制造误差(使对刀不准确)(1分)。

48. 答:镗孔加工的方法是根据生产类型、工作精度、孔的尺寸大小和结构,孔系轴线的数量以及它们之间的相互位置关系,确定合理的工艺流程(3分),并选用相应的机床设备附件和工艺装备,以低成本、高效率为原则加工出符合设计要求的工件(2分)。

49. 答:(1)粗加工以后进行时效处理;主轴孔是关健孔,应以主轴孔为粗基准(2分);(2)为避免变形引起的误差,主轴孔应安排在其他孔加工之后进行精加工(2分);(3)为消除切削变形,精镗前可稍微放松对工件的夹压力(1分)。

50. 答:特点是位置精度靠镗模保证,尺寸精度靠刀具保证(2分),生产率高,质量好,操作简单,所以中批及大批生产中广泛采用镗模镗削孔系(1分)。但整体镗模制造复杂、准备周期长,成本较高,精度可达 H7 级以上(2分)。

51. 答:(1)万能性好,适用范围广(1分)。

(2)缩短生产准备周期(1分)。

(3)降低制造夹具所需材料的消耗(1分)。

(4)降低产品的制造成本(1分)。

(5)减少夹具的库存面积(1分)。

52. 答:深孔加工的镗杆细长、强度和刚度比较差,在镗削加工中容易弯曲、变形和振动,切屑排除困难(2分)。切削液不易注入切削区,镗刀的冷却散热条件差,使镗刀温度升高,刀具寿命降低(3分)。

53. 答:安装外圆镗刀时必须注意以下几点:

(1)尽量缩短镗刀的悬伸长度,加强镗刀刚性,夹紧牢固(2分);

(2)刀体基面平整光洁(1分);

(3)夹紧后检查切削刃同基准面角度是否满足交加工要求,是否由切削力引起切削刃偏斜(2分)。

54. 答:同其他外圆镗削方法相比,平旋盘装刀法刚性强,能承受较大的切削力,切削效率高,镗削直径可在较大范围内变化(3分),调整背吃刀量时不必停机,可操纵微进给手轮连续进给(1分),加工范围较广,除镗削外圆面外,还可镗削槽面、锥面、螺纹等(1分)。

55. 答:用回转法镗削垂直孔时,其垂直度误差决定于回转工作台的分度精度和工件安装位置的正确性,生产率较高,操作方便(2分)。心轴找正法镗削垂直孔,适用于无回转工作台的镗床上,垂直孔的垂直度误差决定于心轴精度和找正方法(2分),找正操作有一定的难度,找正辅助时间较长,生产率低(1分)。

56. 答:为排除进入液压缸的空气,一般在液压缸上部设排气装置(1分),开动机床后,正式工作前,应打开排气阀(1分),并使缸带动工作部件在最大行程范围往复运动几次(2分),排除空气后再关闭排气阀(1分)。

57. 答:(1)在可能情况下检查并调整前后轴承的装配间隙及减小镗轴同主轴套件的间隙(2分)。

(2)增大镗杆直径、大镗杆用空心结构(1分)。

(3)镗孔时增设引导支承(1分)。

(4)镗孔时采用较小的背吃刀量,并尽可能缩短镗轴悬伸长度(1分)。

58. 答:(1)作为能源的压缩空气源于大气,取之不尽(1分)。

(2)气动工作迅速,当管道中压力为 0.5 MPa 时,其流速可达 180 m/s(1分)。

(3)压缩空气的工作压力较低,对气动元件的材料和制造精度要求低,但由于工作压力低,故装置的结构尺寸增大(1分)。

(4)维护简单(1分)。

(5)压力可调节(1分)。

59. 答:工件表面粗糙度达不到要求有如下主要原因:

(1)主轴轴向跳动太大(1分)。

(2)主轴进给量不均匀(1分)。

(3)主轴套筒与主轴箱体孔间隙过大(1分)。

(4)切削液过脏(1分)。

(5)刀具角度不对,刀杆刚性不足及安装不正确(1分)。

60. 答:加工平面圆周分度孔的方法有直角坐标位移法,简单工具法,分度装置分度法(2分)。圆周上圆周分度孔,一般常安置在圆转台上加工和利用简易工具进行加工(1分)。大圆弧面的圆周分度孔是用转台和简易工具通过计算,工作台横向移动一个距离(1分),使主轴轴线与被加工孔轴线重合进行加工(1分)。

61. 答:镗杆的挠曲变形:悬伸镗孔时,若以镗杆进给,随着镗杆悬伸量的增大,刀尖处的挠曲变形增大,进而使被镗孔产生圆柱度误差(2分)。解决的措施有以下几点:

(1)加粗镗杆直径或采用导向装置等,以增加镗杆刚度(1分);

(2)改变进给方式,采用工作台进给(1分);

(3)改善镗刀几何角度和镗刀的安装方式(1分)。

62. 答:在镗床上装夹工件的主要方法:

(1)以工件底平面为基准,直接将工件装夹在镗床工作台上(2分)。

(2)利用镗床专用的大型角铁或弯板侧平面装夹工件(2分)。

(3)用镗模等专用夹具夹工件(1分)。

63. 答:扩孔前孔的轴心线有较大位置偏移时,可采取下列方法来纠正:

(1)利用镗刀纠正,可先用镗刀镗出一段小台肩孔,使之与扩孔钻的直径相同,作为扩孔时的一段引导,从而能纠正由于钻孔所造成的孔轴心线的偏移(3分)。

(2)利用导套纠正,利用钻模的导套装置来正确地引导扩孔钻,纠正钻孔时产生的孔轴心线位置的偏移(2分)。

64. 答：在铣 T 形槽时为防止铣刀折断,应注意及时清理铁屑(1分),合理选择切削用量和合理使用切削液(2分)。如 T 形槽为不通槽则应先加工落刀孔(2分)。

65. 答：对刀头宽度不大的平头形、V 形外圆镗刀进行刃磨时,两侧切削刃对镗刀中心线必须对称(3分),同时两侧后角也应相等(2分)。

66. 答：用平旋盘装刀,径向刀架进给铣削较大的平面时,径向刀架进给运动的方向可以从里向外,也可以从外向里,随着刀架的径向进给运动,刀具的线速度在不断变化(2分)。如果刀架从外向里铣削,铣削外圈时,刀具线速度大,易磨损,加工出来的平面容易发生中凸现象,反之易产生中凹观象(3分)。

67. 答：铰削加工时产生孔径扩大的主要原因有：

(1)铰刀尺寸大于要求尺寸(1分)。

(2)铰力轴线与孔的中心线不重合(1分)。

(3)铰刀切削刃径向圆跳动大(1分)。

(4)切削速度高,冷却不充分,铰刀温度升高(1分)。

(5)铰削余量和进给量大(1分)。

68. 答：(1)由于机械作用而出现的磨损,如崩刃或磨粒磨损等(2分);

(2)由于热及化学作用而出现的磨损,如粘结、扩散、腐蚀等磨损,以及由切削刃软化、溶融而产生的破断、热疲劳、热龟裂等(3分)。

69. 答：非整圆的孔称为缺圆孔(2分)。缺圆孔在实际使用中很多,如带有分合面的齿轮减速箱箱体和轴承座(1分),相交孔的内表面(1分),带有长槽孔的内表面等,均属于缺圆孔(1分)。

70. 答：颤振系统的特性：

(1)颤振的频率等于或接近于系统的固有频率(1分)。

(2)颤振是一种不衰减的振动,但切削一旦停止,就随之消失(2分)。

(3)颤振是否产生及其幅值的大小取决于每一振动周期内系统所获得的能量与所消耗能量的大小(2分)。

71. 答：(1)角度分析,确定双斜孔属于第几种方向(1分)。

(2)根据有关公式进行角度计算(1分)。

(3)工件装夹与找正(1分)。

(4)旋转台水平旋转,使双斜孔轴线由双斜位置变为单斜位置(1分)。

(5)旋转台倾斜旋转,使机床主轴轴线与待检测的斜孔轴线重合即可进行检测(1分)。

72. 答：适当提高主轴及箱体的制造精度(1分),选用高精度的轴承(1分),提高主轴部件的装配精度(1分),对高速主轴部件进行平衡(1分),对滚动轴承进行预紧等(1分),均可提高机床主轴的回转精度。

六、综 合 题

1. 答：采用镗模加工的特点是：(1)可以大大提高工艺系统的刚度和抗振性,可以在长镗杆上装多把刀具,同时加工箱体上的数个孔,生产效率高(2分);(2)镗杆与机床浮动连接,机床精度对工件精度影响很小,工件的精度靠镗模的制造质量和安装精度来保证(3分);(3)可大大简化对形状复杂、技术要求高的各孔的坐标位置精度的控制过程,对操作者的操作技能要求大为降低(3分);(4)节省了大量的调整、找正的时间,做到了高效、低成本,经济效益好(2分)。

2. 答:工件以一孔双孔定位时,如果用两个短圆柱销和一个平面作定位元件会产生重复定位(2分)。安装工件时,第一个孔能正确装到第一个销上,但第二个孔会因工件孔中心矩误差和定位销中心距误差的影响而装不到第二个销子上(4分)。将一个短圆柱销制成削边销是为了使工件便于正确装在定位件上,避免重复定位,并减少工件定位时的转角误差(2分)。

3. 解:在铅垂直方向上定位误差

$$\Delta D_{铅垂} = \frac{\delta D}{2\sin\frac{\alpha}{2}} = \frac{0.012}{2} \cdot \frac{1}{\sin 30°} = 0.012 \text{ mm}(6 \text{ 分})$$

$$\Delta D = \Delta D_{铅垂} \times \cos 60° = 0.012 \times 0.866 = 0.01 \text{ mm}(3 \text{ 分})$$

答:定位误差为 0.01 mm(1分)。

4. 解:

$$\Delta D_1 = \frac{\delta_0}{2}\left[\frac{1}{\sin\frac{\alpha}{2}} - 1\right] = \frac{0.045}{2}\left(\frac{1}{\sin 45°} - 1\right) = 0.009 \text{ mm}(3 \text{ 分})$$

$$\Delta D_1 = \frac{\delta_0}{2\sin\frac{\alpha}{2}} = \frac{0.045}{2\sin 45°} = 0.032 \text{ mm}(3 \text{ 分})$$

$$\Delta D_1 = \frac{\delta_0}{2}\left[\frac{1}{\sin\frac{\alpha}{2}} + 1\right] = \frac{0.045}{2}\left(\frac{1}{\sin 45°} + 1\right) = 0.054 \text{ mm}(3 \text{ 分})$$

答:$\Delta D_1 = 0.009$ mm;$\Delta D_2 = 0.032$ mm;$\Delta D_3 = 0.054$ mm(1分)。

5. 解:在△BOC 中,

在△AOB 中,已知三条边的尺寸利用余弦定理可求出 β 角:

$$\cos\beta = \frac{OA^2 + OB^2 - AB^2}{2OA \times OB} = \frac{129.5^2 + 160^2 - 122^2}{2 \times 129.5 \times 160} = 0.663\ 3$$

$\beta = 48°26'52''$(3分)

$X_A = OA\cos(\alpha + \beta) = 129.5 \times \cos 66°39'27'' = 51.33$ mm(2分)

$Y_A = OA\sin(\alpha + \beta) = 129.5 \times \sin 66°39'27'' = 118.90$ mm(2分)

$X_B = \sqrt{OB^2 - CB^2} = \sqrt{160^2 - 50^2} = 151.97$(2分)

答:X_A 为 51.33 mm,X_B 为 151.97 mm,Y_A 为 118.90 mm(1分)。

6. 解:根据勾股定理

$OA^2 = AC^2 + CO^2$(1分)

△OAC 是直角三角形

$X_{II} = -40$ mm $= X_{IV}$

$Y_{II} = -30$ mm

故 $Y_{IV} = 0$(4分)

在△ABC 中,$AB = BC = CA$ 故△ABC 中为等边三角形

$X_Ⅲ = -40 - 30\cos30° = -40 - 30 × 0.866 = -65.98$ mm

$Y_Ⅲ = -30\sin30° = -15$ mm(4分)

答：Ⅱ、Ⅲ、Ⅳ孔的坐标分别为(-40,-30)、(-65.98,-15)和(-40,0)(1分)。

7. 解：先求 A 孔的极角 ϑ_A

$$\tan\vartheta_A = \frac{AB}{OB} = \frac{55}{75} = 0.733\,3$$

$\vartheta_A = 36°15'13''$(2分)

再求极径 ρ_A

$$\rho_A = AO = \sqrt{AB^2 + BO^2} = \sqrt{55^5 + 75^2} = 93.005\text{ mm}(2分)$$

A孔极角 $\vartheta_A = 36°15'13''$，极径 $\rho_A = 93.005$ mm(2分)

C孔的极角 $\vartheta_C = 180° + \vartheta_A = 180° + 36°15'13'' = 216°15'13''$(2分)

极径 $\rho_C = \rho_A = 93.005$ mm(1分)

答：A、C 两孔的极角分别为 $\vartheta_A = 36°15'13''$，$\vartheta_C = 216°15'13''$，两孔的极径是 93.005 mm(1分)。

8. 解：先算出 $R240$ 的弦高 h

$h = 240 - \cos12° × 240 = 5.24$ mm(3分)

$A = 20 + 5.24 + 250 - 240 = 35.24$ mm(3分)

$B = 240\sin12° = 49.90$ mm(3分)

答：A 为 35.24 mm，B 为 49.90 mm(1分)。

9. 解：先计算孔 2 的直角坐标尺寸 X_2、Y_2

$$X_2 = \frac{325}{2}\cos60° = 81.25\text{ mm}$$

$$Y_2 = \frac{325}{2}\sin60° = 140.73\text{ mm}(1.5分)$$

$$X_1 = \frac{325}{2} = 162.5\text{ mm}$$

$Y_1 = 0$(1.5分)

$X_3 = -81.25$ mm，$Y_3 = 140.73$ mm(1.5分)

$X_4 = -162.5$ mm，$Y_4 = 0$(1.5分)

$X_5 = -81.25$ mm，$Y_5 = -140.73$ mm(1.5分)

$X_6 = 81.25$ mm，$Y_6 = -140.73$ mm(1.5分)

答：孔 1~6 具体直角坐标尺寸为：

$X_1 = 162.5$ mm，$Y_1 = 0$；

$X_2 = 81.25$ mm，$Y_2 = 140.73$ mm；

$X_3 = -81.25$ mm，$Y_3 = 140.73$ mm；

$X_4 = -162.5$ mm，$Y_4 = 0$；

$X_5 = -81.25$ mm，$Y_5 = -140.73$ mm；

$X_6 = 81.25$ mm，$Y_6 = -140.73$ mm(1.5分)。

10. 解：在△AOM 中

$OA=OM\sin7°30'=200×0.130\,5=26.1$ mm(7分)

$BO=AO=26.1$ mm(2分)

答:两孔轴线与转台中心距离为26.105 mm(1分)。

11. 解:根据勾股定理

$OA^2=AC^2+CO^2$

△OAC是直角三角形(2分)

故

$X_{II}=-40$ mm$=X_{IV}$

$Y_{II}=-30$ mm

$Y_{IV}=0$(2分)

在△ABC中,$AB=BC=CA$ 故△ABC中为等边三角形(2分)

$X_{III}=-40-30\cos30°=-40-30×0.866=-65.98$ mm

$Y_{III}=-30\sin30°=-15$ mm(3分)

答:Ⅱ、Ⅲ、Ⅳ孔的坐标分别为(-40,-30)、(-65.98,-15)和(-40,0)(1分)。

12. 答:从图中看出许多坐标尺寸都是以Ⅵ孔轴线为基准标注的(2分),Ⅵ孔且为主轴孔,形状和位置精度都比较高(3分),它与相邻的Ⅷ和Ⅲ(Ⅴ)孔有较高的孔距要求,故选用Ⅵ孔为原始孔(3分)。镗孔顺序应为:Ⅵ—Ⅷ—Ⅲ(Ⅴ)—Ⅱ—Ⅰ—Ⅶ—Ⅳ(2分)。

13. 答:切削时的三个变形区:第一变形区,位于刀具的上方,在这个区域里主要产生滑移变形,是切屑的主要形成区域(3分)。第二变形区,位于切屑与刀具的接触部位,由于前刀面与切屑产生很大的摩擦和阻力,使切屑底部发生附加变形(3分)。第三变形区,是工件已加工表面与刀具后刀面接触的部位,又称加工表面形成区或后刀面摩擦区,影响着已加工表面的质量(4分)。

14. 答:调头镗孔,有变镗长孔为镗短孔的益处,而且在方便和效率方面,还有其独特的优势(2分)。第一,镗削时,镗杆较短不必支承,因此避免了刀杆支承对镗轴回转速度的限制,切削速度可提高(3分)。第二,调头镗孔时,因镗轴伸出长度较小,提高了镗轴的刚度,有益于被镗孔精度(包括同轴度)的提高(3分)。同时,由于调头镗孔时镗杆悬臂较小,镗杆较短,工人操作区域宽敞,在调整刀具、试切和尺寸测量等操作中,直观、方便,劳动强度也可有所减轻(3分)。

15. 答:采用镗模加工的特点是:可以大大提高工艺系统的刚度和抗振性,可以在长镗杆上装多把刀具,同时加工箱体上的数个孔,生产效率高(3分);镗杆与机床浮动连接,机床精度对工件精度影响很小,工件的精度靠镗模的制造质量和安装精度来保证(3分);可大大简化对形状复杂、技术要求高的各孔的坐标位置精度的控制过程,对操作者的操作技能要求大为降低(2分);节省了大量的调整、找正的时间,做到了高效、低成本,经济效益好(2分)。

16. 答:应遵循下列原则:

(1)主轴孔是关键孔,粗基准的选择应保证主轴孔的余量均匀(2分)。

(2)应保证所有孔都有适当余量(2分)。

(3)应保证加工表面相对不加工表面有正确的相对位置,要求箱体内壁之间有足够的空间(3分)。

根据上面的选用原则,第一道工序粗加工时,一般选择主轴孔与主轴孔相距较远的一个轴孔作为粗基准(3分)。

17. 答:由于分离式箱体的对合面与底面有一定的位置精度要求,如轴承孔的轴心线应在对合面上,它与底面也有位置精度要求,因此,精加工箱体底座的对合面时,应以底面为精度基准(3分)。这样对合面的设计基准与加工时的定位基准重合,有利于保证对合面与底面的尺寸精度和平行度要求(2分)。箱体组合后加工轴承孔时,仍以底面为主要定位基准(2分)。为了消除箱体的转动自由度,还可以利用底面上的两定位销孔定位,并成为典型的一面双销定位形式,从而保证轴承孔轴心线与箱体端面的垂直度(3分)。

18. 答:解:先分别算出 $\phi68$ mm 圆柱中心和 $\phi120$ mm 的圆柱中心到 A 点的距离

$OA_1 = 34 \times \sqrt{2} = 48.08$ mm(3分)

$OA_2 = 60 \times \sqrt{2} = 84.86$ mm(3分)

两圆中心高度差为 $O_1O_2 = 84.85 - 48.08 = 36.77$ mm(1分)

两圆柱外经高度差 $H = (60-34) + 36.77 = 62.77$ mm(2分)

答:两圆柱高度差 H 为 62.77 mm(1分)。

19. 答:解:(1)基准位移误差

$\Delta_{jy1} = \Delta_{d_1} + \Delta D_1 + X_{1min} = 0.009 + 0.015 + 0.005 = 0.029$ mm(3分)

$\Delta_{jy2} = \Delta_{d_2} + \Delta D_2 + X_{2min} = 0.009 + 0.015 + 0.034 = 0.058$ mm(3分)

(2)$\tan\vartheta = \pm \dfrac{\Delta_{d_1} + \Delta D_2 + X_{1min} + \Delta_{d_2} + \Delta D_2 + X_{2min}}{2L} = \pm \dfrac{0.029 + 0.058}{2 \times 100} = \pm 0.000\,435$

$\Delta\vartheta = \pm 1'30''$(3分)

答:基准位移误差分别为 0.029 mm 和 0.058 mm,转角误差为 $\pm 1'30''$(1分)。

20. 答:解:

根据 $\delta = BC' - BC$

$BC = 80\sin30° = 40$ mm(3分)

$BC' = \sqrt{AC'^2 - AB^2} = \sqrt{80.20^2 - (80\cos30°)} = 40.402$ mm(3分)

$\delta = 40.402 - 40 = 0.402$ mm(3分)

答:坐标误差 δ 为 0.402 mm(1分)。

21. 答:解:

$\tan\vartheta = \pm \dfrac{\Delta d_1 + \Delta D_1 + X_{1min} + \Delta d_2 + \Delta D_2 + X_{2min}}{ZL}$(5分)

$= \pm \dfrac{0.004 + 0.023 + 0.008 + 0.005 + 0.028 + 0.005}{2 \times 200}$

$= \pm 0.000\,182\,5$(4分)

答:转角误差 $\tan\vartheta = \pm 0.000\,018\,2\,5$(1分)。

22. 答:(1)每日必须检查的内容,如导轨表面、润滑油箱,气源压力、液压系统、CNC、I/O 单元,各种防护网及清洗各种过滤网等(3分);

(2)每半年或每年的检查与维护作业,如滚珠丝杠油脂更换涂覆,更换主轴油箱用油,伺服电机碳刷的清理,更换润滑油和清洗液压泵(4分);

(3)不定期的维修作业,如导轨镶条的检查与压紧或放松,冷却水箱液面高度与过滤器的清洗,排屑器是否通畅,主轴传动带的松紧调整等(3分)。

23. 答：(1) 先平移后旋转。所谓先平移后旋转，是指在加工过程中，先将工件定位平移到指定加工孔的孔口，然后再将平移后的工件坐标系旋转某一指定的角度，建立一个新的工件坐标系进行零件的加工(4分)。

(2) 先旋转后平移。所谓先旋转后平移，是指在加工过程中，先将工件坐标系旋转某一指定的角度、然后再将旋转后的工件坐标平移到指定孔的孔口，建立一个新工件坐标系来进行零件的加工(4分)。

(3) 先平移后旋转与先旋转后平移结合运用(2分)。

24. 答：(1)当工艺系统的刚度较弱时，应采用较大的主偏角(2分)。

(2)应尽量避免采用负前角和刀尖圆弧半径较大的镗刀(2分)。

(3)精镗或者高速镗削时，一般应适当地加大后角。但是如果粗镗、割槽或采用刀具轴向进给，以及用宽刃镗刀镗削端面时，应选择较小的后角(2分)。

(4)若采用高速钢镗刀，可在镗刀的后刀面上磨出一个月牙坑形式的消振刃，以减小振动(2分)。

(5)应及时更换或刃磨刀具，尽量提高刃口的锋利性和刀具工作表面的光整程度(2分)。

25. 答：(1)镗孔车刀安装时，刀尖应对准工件中心或略高一些，这样可以避免镗刀受到切削压力下弯曲产生扎刀现象，而把孔镗大(2分)。

(2)镗刀的刀杆应与工件轴心平行，否则镗到一定深度后，刀杆后半部分与工件孔壁相碰(2分)。

(3)为了增加镗刀刚性，防止振动，刀杆伸出长度尽可能短一些，一般比工件孔深长5~10 mm(2分)。

(4)为了确保镗孔安全，通常在镗孔前把镗刀在孔内试走一遍，这样才能保证镗孔顺利进行(2分)。

(5)加工台阶孔时，主刀刃应和端面成30°~50°的夹角，在镗削内端面时，要求横向有足够的退刀余地(2分)。

26. 答：(1)加工过程中注意退刀方向与镗外圆时相反(1分)。

(2)用内径表测量前，应首先检查内径表指针是否复零，再检查测量头有无松动、指针转动是否灵活(2分)。

(3)用内径表测量前，应先用卡尺测量，当余量为0.3~0.5 mm左右时才能用内径表测量，否则易损坏内径表(2分)。

(4)孔的内端面要平直，孔壁与内端面相交处要清角，防止出现凹坑和小台阶(1分)。

(5)精镗内孔时，应保持车刀锋利(1分)。

(6)镗小盲孔时，应注意排屑，否则由于铁屑阻塞，会造成镗刀损坏或扎刀，把孔镗废(2分)。

(7)根据余量大小合理分配切削深度(1分)。

27. 答：圆柱孔的技术精度要求应包括以下几个方面的具体内容：

(1)尺寸精度。镗床上加工的主要配合尺寸的主要配合孔或支承孔的尺寸公差，一般应控制在IT7~IT8；机床主轴箱上的主要孔要求控制在IT6；其他要求低的孔，其尺寸公差一般控制在IT11(3分)。

(2)形状精度。圆柱孔的形状精度，一般应控制在孔径公差以内，对于精度要求较高的孔，其形状精度应控制在孔径公差的 1/2~1/3 内（2 分）。

（3）位置精度。孔距误差（包括同轴线孔之间的同轴度误差），一般控制在±(0.025~0.06)mm 内，垂直度误差，一般为 0.01~0.05/φ200；平行度误差，一般控制在 0.03~0.10 mm内（3 分）。

（4）表面粗糙度。表面粗糙度值，一般应达 $Ra1.6~0.4\ \mu m$（2 分）。

28. 答：加工孔系时，找正镗床主轴起始坐标位置常用的方法有：

（1）利用百分表测量装置找正定位。这种方法，必须先用百分表定心器或定位心轴，将工件上的基准孔坐标定出来，然后根据基准孔坐标定出主轴的坐标位置。其特点是精度较高，操作较方便（3 分）。

（2）利用检验棒找正定位。此种方法的特点是找正定位精度低，找正费时。但这种定位方法可直接找正镗床主轴与起始孔的坐标位置（2 分）。

（3）利用孔的分界面找正定位 这种方法的特点是可用于分离式箱体孔系的镗削加工。缺点是辅助时间较长（2 分）。

（4）利用样板找正定位。此种方法的特点是样板结构简单，无需复杂的调整。但样板易变形，而且当工件需要加工几个不同面上的孔系时，需要几块样板，找正和定位精度也较低（3 分）。

29. 答：（1）将主轴轴线与工作台旋转轴线调整至重合（2 分）。

（2）在转台中心孔内装入与工件上 φ40H7 孔相配的定位心轴，再将工件套装在心轴上，使工件轴线与转台旋转轴线重合（2 分）。

（3）将转台台面顺时针倾斜旋转 90°，使之处于垂直位置（2 分）。

（4）找正螺旋槽原始位置至安装面的 30 mm±0.02 mm 尺寸。先从转台刻度盘记下读数，再将转台台面转过 237°，并将机床工作台向左移动 30 mm，检查槽的位置是否正确，然后夹紧（4 分）。

30. 答：一种方式是将平旋盘上的径向刀架固定，单刃弯头镗铣刀装在径向刀架的刀杆上，由工作台或主轴箱作进给。这种方法适宜于铣削大端面（2 分）。铣削过程中，由于切削刃的线速度没有变化，加工面的表面粗糙度比较一致（1 分）。但由于刀盘直径较大，刚性较差，又是单刃刀断续切削，易产生较大的振动，使加工面的表面粗糙度变粗（2 分）。

另一种方式是由平旋盘转动，盘上的径向刀架作径向进给（2 分）。这种方法适宜于加工中小尺寸的表面，铣削时振动较小（1 分）。但随着刀架的径向运动，刀具的线速度在不断变化，使得在同一个加工面内的表面粗糙度值变化较大（2 分）。

31. 答：在数控镗床上加工零件时，常用下述四种定位方法：

（1）划线找正定位：其特点是不需专用夹具及镗模；由于增加了划线工序，生产效率低；定位精度低（2 分）。

（2）利用定位元件定位：其特点是简单、可靠；不需成套工艺装备；定位误差较小；成本较低（3 分）。

（3）利用夹具定位：其特点是工件定位迅速，夹紧可靠，加工方便。但镗床夹具制造周期较长，成本高（3 分）。

（4）利用其他形式定位：如利用千斤顶加特形垫块、利用工件上的工艺搭子定位等。这些方法，定位精度较低，生产效率不高（3 分）。

32. 答:利用主轴外径安装铣刀:主轴端面如果没有条件利用,可把铣刀通过锥形开口套筒用圆螺母直接紧固在主轴的外圆上(3分)。对于较大直径的端铣刀,如果镗床平旋盘有安装的位置,则尽可能不用主轴上装刀的方法(3分)。总之,镗床上铣削采用的刀杆及其他安装工具,应最大限度地贯彻粗而短的原则,使切削时具有最大的刚度,把对镗床精度的损害减低到最小程度(4分)。

33. 答:在数控加工中,相邻刀轨间所残留的未加工区域的高度称为残余高度(2分),它的大小决定了加工表面的粗糙度,同时决定了后续的抛光工作量(2分),是评价加工质量的一个重要指标。在利用 CAD/CAM 软件进行数控编程时,对残余高度的控制是刀轨行距计算的主要依据(2分)。在控制残余高度的前提下,以最大的行间距生成数控刀轨是高效率数控加工所追求的目标(2分)。

34. 答:用刀尖不倒角平头立铣刀加工斜面,每两刀之间在加工表面出现了残留量,通过抛光工件,去掉残留量,即可得到要求的尺寸,并能保证斜面的角度(4分)。若在刀具加工参数设置中减小加工的切深 t,可以使表面残留量减少,抛光更容易,但加工时,NC 程序量增多,加工时间延长(3分)。这种用不倒角平头刀加工状况只是理想状态,在实际工作中,刀具的刀尖角是不可能为零的,刀尖不倒角,刀尖磨损快,甚至产生崩刃,致使刀具无法加工(3分)。

35. 解:

$$L_1 = L_2 - \frac{d_1}{2\sin\alpha} - \frac{d_2}{2\tan\frac{\alpha}{2}}(2分)$$

$$= L_2 - \frac{d_1}{2\sin\alpha} - \frac{d_2\cos\frac{\alpha}{2}\cos\frac{\alpha}{2}}{2\sin\frac{\alpha}{2}\cos\frac{\alpha}{2}}(3分)$$

$$= L_2 - \left[\frac{d_1}{2\sin\alpha} + \frac{2d_2\cos^2\frac{\alpha}{2}}{2\sin\alpha}\right](2分)$$

$$= L_2 - \left(\frac{d_1 + d_2(\cos\alpha + 1)}{2\sin\alpha}\right)(2分)$$

答:$L_1 = L_2 - \left(\frac{d_1 + d_2(\cos\alpha + 1)}{2\sin\alpha}\right)$(1分)。

36. 答:切削加工大致分为车削、铣削及以中心齿为主的切削(钻头、立铣刀的端面切削等),这些切削加工的切削热对刃尖的影响各不相同(2分)。车削是一种连续切削,刃尖承受的切削力无明显变化,切削热连续作用于切削刃上(2分);铣削则是一种间断切削,切削力是断续作用于刃尖,切削时将发生振动,刃尖所受的热影响,是切削时的加热和非切削时的冷却交替进行,是一种断续加热现象(2分),刀齿在非切削时即被冷却,这将有利于刀具寿命的延长,总的受热量比车削时少(2分)。利用带有中心刃(即切削速度=0 m/min 的部位)的钻头经常出现靠近中心刃处工具寿命低下的情况,但仍比车削加工时强(2分)。

37. 答:要保证零件加工精度,则需满足以下条件:各种原因产生的误差总和≤工件被加工尺寸的公差(2分)。

各种原因产生的误差总和包括:

（1）夹具在机床上的装夹误差（1分）；

（2）工件在夹具中的定位误差和夹紧误差（2分）；

（3）机床调整误差（1分）；

（4）工艺系统的弹性变形和热变形误差（2分）；

（5）机床和刀具的制造误差及磨损误差等（2分）。

38. 答：（1）铣削余量不能太大，一般为 $1\sim3$ mm（1分）。

（2）铣刀刃口应锋利，采用多刃刀具切削时，应保证每个刀刃的切削负荷均匀（1分）。

（3）铣削的进给量不应太小，以免加快刀具磨损（1分）。

（4）刀具装夹应牢靠，锥轴上不得有凸痕，锥轴的配合粗糙度要高，配合面的接触面积应大于80%（2分）。

（5）用精密丝杠作定位测量系统的数控镗床，不宜采用铣削加工，以避免精密丝杠磨损过快（2分）。

（6）铣削加工时，应将主轴套、主轴箱锁紧，不允许在铣削过程中产生微量的移位（1分）。

（7）装夹合理，夹紧力尽量小，夹紧点下面一定有与台面接触密实的垫块，并防止变形，影响平面的加工精度（2分）。

39. 答：（1）镗床有多个部件都能作进给运动，使其在工艺上具有多功能性，显示出较强的适应能力（3分），不但可以加工圆柱孔、平面、V形槽、螺纹以及中心孔等零件表面，还能加工多种零件，方便实现孔系的加工（3分）。（2）镗削加工以刀具的旋转作为主运动，与以工件旋转为主运动的加工方式相比，特别适合加工箱体、机架等结构复杂的大型零件（4分）。

数控镗工(中级工)技能操作考核框架

一、框架说明

1. 依据《国家职业标准》^注，以及中国北车确定的"岗位个性服从于职业共性"的原则，提出数控镗床操作工(中级工)技能操作考核框架(以下简称:技能考核框架)。

2. 本职业等级技能操作考核评分采用百分制。即:满分为 100 分,60 分为及格,低于 60 分为不及格。

3. 实施"技能考核框架"时,考核制件(活动)命题可以选用本企业的加工件(活动项目),也可以结合实际另外组织命题。

4. 实施"技能考核框架"时,考核的时间和场地条件等应依据《国家职业标准》,并结合企业实际确定。

5. 实施"技能考核框架"时,其"职业功能"的分类按以下要求确定:

(1)"工件加工"属于本职业等级技能操作的核心职业活动,其"项目代码"为"E"。

(2)"工艺准备"、"精度检验及误差分析"、"设备维护与保养"属于本职业等级技能操作的辅助性活动,其"项目代码"分别为"D"和"F"。

6. 实施"技能考核框架"时,其"鉴定项目"和"选考数量"按以下要求确定:

(1)按照《国家职业标准》有关技能操作鉴定比重的要求,本职业等级技能操作考核制件的"鉴定项目"应按"D"＋"E"＋"F"组合,其考核配分比例相应为:"D"占 10,"E"占 70 分,"F"占 20 分(其中:精度检验及误差分析 10 分,设备维护与保养 10 分)。

(2)依据中国北车确定的"核心职业活动选取 2/3,并向上取整"的规定,在"E"类鉴定项目——"工件加工"的全部 5 个中,至少选取 4 项。

(3)依据中国北车确定的"其余'鉴定项目'的数量可以任选"的规定,"D"和"F"类鉴定项目——"工艺准备"、"精度检验及误差分析"、"设备维分护与保养"中,至少分别选取 1 项。

(4)依据中国北车确定的"确定'选考数量'时,所涉及'鉴定要素'的数量占比,应不低于对应'鉴定项目'范围内'鉴定要素'总数的 60%,并向上取整"的规定,考核制件的鉴定要素"选考数量"应按以下要求确定:

①在"D"类"鉴定项目"中,在已选定的至少 1 个鉴定项目中,至少选取已选鉴定项目所对应的全部鉴定要素的 60%项,并向上保留整数。

②在"E"类"鉴定项目"中,在已选定的至少 4 个鉴定项目所包含的全部鉴定要素中,至少选取总数的 60%项,并向上保留整数。

③在"F"类"鉴定项目"中,对应"精度检验及误差分析",在已选定的至少 1 个鉴定项目中,至少选取已选鉴定项目所对应的全部鉴定要素的 60%项,并向上保留整数。对应"设备维护与保养"的 4 个鉴定要素,至少选取 3 项。

举例分析:

　　按照上述"第 6 条"要求,若命题时按最少数量选取,即:在"D"类鉴定项目中选取了"制定加工工艺"等 1 项,在"E"类鉴定项目中选取了"编制程序、输入程序、试运行、加工零件"等 4 项,在"F"类鉴定项目中分别选取了"尺寸精度检验"和"数控镗床的使用、维护与保养"等 2 项,则:

　　此考核制件所涉及的"鉴定项目"总数为 7 项,具体包括:"制定加工工艺","编制程序"、"输入程序"、"试运行"、"加工零件","尺寸精度检验"、"数控镗床的使用、维护与保养"。

　　此考核制件所涉及的鉴定要素"选考数量"相应为 12 项,具体包括:"制定加工工艺"鉴定项目包含的全部 1 个鉴定要素中的 1 项,"编制程序"、"输入程序"、"试运行"、"加工零件"4 个鉴定项目包括的全部 9 个鉴定要素中的 6 项,"尺寸精度检验"鉴定项目包括的全部 3 个鉴定要素中的 2 项,"设备维护与保养"鉴定项目包括的全部 4 个鉴定要素中的 3 项。

　　7. 本职业等级技能操作需要两人及以上共同作业的,可由鉴定组织机构根据"必要、辅助"的原则,结合实际情况确定协助人员的数量。在整个操作过程中,协助人员只能起必要、简单的辅助作用。否则,每违反一次,至少扣减应考者的技能考核总成绩 10 分,直至取消其考试资格。

　　8. 实施"技能考核框架"时,应同时对应考者在质量、安全、工艺纪律、文明生产等方面行为进行考核。对于在技能操作考核过程中出现的违章作业现象,每违反一项(次)至少扣减技能考核总成绩 10 分,直至取消其考试资格。

　　注:按照中国北车规定,各《职业技能操作考核框架》的编制依据现行的《国家职业标准》或现行的《行业职业标准》或现行的《中国北车职业标准》的顺序执行。

二、数控镗工(中级工)技能操作鉴定要素细目表

职业功能	鉴定项目				鉴定要素		
	项目代码	名　称	鉴定比重(%)	选考方式	要素代码	名　称	重要程度
工艺准备	D	读图与绘图	10	任选	001	能读懂箱体、主轴、壳体等复杂程度的零件图	X
					002	能读懂浮动镗刀主轴、尾座等简单机构等装配图	Y
					003	能绘制轴、套、支架等简单零件的零件图	X
		制定加工工艺			001	能编制中等复杂程度箱体的镗削工艺卡,主要内容有:正确选择工艺基准,决定加工顺序及工步切削参数	X
		工件定位			001	能确定镗削中等复杂零件的定位与夹紧方案	X
					002	能正确选用回转盘、角铁、V 形架等镗床通用夹具及辅具,并能正确安装工件	X
		常用量具的识读、使用及保养			001	能正确使用公法线、内径、内测、深度、壁厚等千分尺	X
					002	能正确使用机械式测微仪	X
					003	各种量具的使用和维护保养	X
		镗刀的刃磨与装夹			001	能合理选择镗刀刀杆与刀具	X
					002	能根据工件材料、加工精度和生产率的要求,正确选择刀架、刀盘、夹头的结构形式、刀头的材料及几何参数	X
					003	能刃磨各种镗床用刀具	X

职业功能	鉴定项目				鉴定要素		
	项目代码	名　称	鉴定比重(%)	选考方式	要素代码	名　称	重要程度
工件加工	E	编制程序	70	至少选四项	001	能手工编制中等复杂程度零件的镗削加工程序	X
		输入程序			001	能按照操作规程启动和停止机床	
					002	能正确使用操作面板上的各种功能键	X
					003	能通过操作面板手动输入加工程序及有关参数	X
					004	能通过计算机、移动硬盘输入加工程序及有关参数	X
					005	能进行程序的编辑和修改	X
		对刀及走刀路线			001	能正确进行机内对刀	X
					002	数控镗床走刀路线的合理选择	X
					003	程序起始点、返回点和切入、切出点的确定	X
					004	程序起始平面、返回平面和进刀、退刀平面及安全平面的确定	X
		试运行			001	能进行程序的单步运行、空运行	X
					002	能进行加工程序的试切削,并作出正确判断	X
		加工零件			001	能在数控镗床上加工箱体类零件	X
精度检验及误差分析	F	尺寸精度检验	10	任选	001	能用内径量表测量工件内孔	X
					002	能用量块和百分表测量工件轴向尺寸	X
					003	能检测平行孔的中心距	X
		形位误差的检验			001	能进行平行孔轴线位置度的检测	X
					002	能进行相交孔轴线位置度的检测	X
					003	能进行表面粗糙度的比较检验	X
		误差分析			001	能分析判断影响工件尺寸精度的因素,并能提出改进措施	Y
设备维护与保养		数控镗床的使用、维护与保养	10		001	能对数控镗床进行日常的维护与保养	X
					002	能根据信号和屏幕上的文字显示判断设备故障	X
					003	能在加工前对数控镗床进行常规检查	X
					004	能对数控镗床常见的简单故障进行排除与维修	X

注:重要程度中 X 表示核心要素,Y 表示一般要素,Z 表示辅助要素。下同。

数控镗工(中级工)技能操作考核
样题与分析

职 业 名 称：＿＿＿＿＿＿＿＿＿＿＿＿

考 核 等 级：＿＿＿＿＿＿＿＿＿＿＿＿

存 档 编 号：＿＿＿＿＿＿＿＿＿＿＿＿

考核站名称：＿＿＿＿＿＿＿＿＿＿＿＿

鉴定责任人：＿＿＿＿＿＿＿＿＿＿＿＿

命题责任人：＿＿＿＿＿＿＿＿＿＿＿＿

主管负责人：＿＿＿＿＿＿＿＿＿＿＿＿

中国北车股份有限公司劳动工资部制

职业技能鉴定技能操作考核制件图示或内容

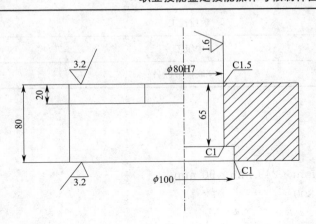

其余 6.3

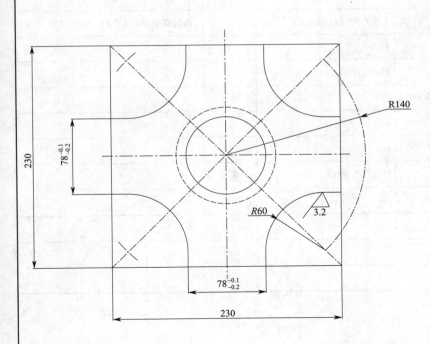

技术要求

1. 制定工艺路线。

2. 制定各工步工艺参数。

3. 制定工具清单。

4. 建立工件坐标系和坐标计算。

5. 现场脱机编程和输入。

6. 考生考试前须对设备进行润滑和调整。

7. 未注公差按 IT13。

8. 上述 1～5 项均以卡片的形式同试件一起交卷。

职业名称	数控镗床
考核等级	中级工
试题名称	十字联接节(一)

材料等信息:42CrMo(调质处理 HRC280～300)

职业技能鉴定技能操作考核准备单

职业名称	数控镗工
考核等级	中级工
试题名称	十字联接节(一)

一、材料准备

1. 材料:42CrMo。
2. 坯件尺寸:长×宽×高=240 mm×249 mm×90 mm。
3. 热处理:调质处理 HRC280~300。

二、设备、工、量、卡具准备清单

序号	名称	规格	数量	备注
1	数控镗床	工作台尺寸(mm):500×500	1	四轴联动,西门子840系统,T50刀座
2	面铣刀	$\phi 100$	1	
3	3面刃立铣刀	$\phi 80 \sim \phi 100$	1	
4	粗镗刀、半精镗刀、精镗刀	$\phi 80$	各1	
5	45°倒角镗刀	$\phi 80$	1	
6	麻花钻	$\phi 50$	1	
7	游标卡尺	125、150、300	各1	
8	内径量具	$\phi 80$	1套	
9	粗糙度样板		1套	
10	刀具装卸工具		1套	
11	计算、及划线工具		1套	

三、考场准备

1. 相应的公用设备、设备与器具的润滑与冷却等。
2. 相应的场地及安全防范措施。
3. 其他准备。

四、考核内容及要求

1. 考核内容(按考核制件图示及要求制作)。
2. 考核时限:360 min。
3. 考核评分(表)。

职业名称		数控镗工		考核等级		中级工	
试题名称		十字联接节(一)		考核时限		360 min	
鉴定项目	考核内容		配分	评分标准		扣分说明	得分
制定加工工艺	正确选择工艺基准		1	错误不得分			
	决定加工顺序		2	错误不得分			
	决定工步切削参数		2	每处错误扣 0.5 分,扣光为止			
工件定位	能正确选用镗床通用夹具及辅具		1	错误不得分			
	能正确安装工件		1	错误不得分			
镗刀的刃磨与装夹	正确选择刀架、刀盘、夹头的结构形式		1	每处错误扣 0.5 分,扣光为止			
	正确选择刀头的材料及几何参数		1	每处错误扣 0.5 分,扣光为止			
	能刃磨各种镗床用刀具		1	每处错误扣 0.5 分,扣光为止			
编制程序	能手工编制中等复杂程度零件的镗削加工程序		5	每处错误扣 0.5 分,扣光为止			
输入程序	能通过计算机编程		5	每处错误扣 0.5 分,扣光为止			
	用移动硬盘输入程序		2	错误不得分			
	能正确使用操作面板上的各种功能键		1	错误不得分			
	能进行程序的编辑和修改		2	错误不得分			
试运行	能进行程序的单步运行		1	错误不得分			
	能进行程序的空运行		2	错误不得分			
	能进行加工程序的试切削,并作出正确判断		2	错误不得分			
加工零件	能在数控镗床上加工给定的零件		50	按实际加工精度得分			
尺寸精度检验	内径量表的安装与校对		1	错误不得分			
	用内径量表测量工件内孔		1	错误不得分			
	正确使用量块		1	错误不得分			
	用百分表测量工件轴向尺寸		1	错误不得分			
	能检测平行孔的中心距		1	错误不得分			
误差分析	分析判断影响工件尺寸精度的因素		2	错误不得分			
	提出改进尺寸精度的措施		1	错误不得分			
	能进行表面粗糙度的比较检验		1	错误不得分			
	正确使用粗糙度样块		1	错误不得分			
数控镗床的使用、维护与保养	对数控镗床进行日常的维护与保养		2	每处错误扣 0.5 分,扣光为止			
	根据信号判断设备故障		2	每处错误扣 0.5 分,扣光为止			
	根据屏幕上的文字显示判断设备故障		2	每处错误扣 0.5 分,扣光为止			
	能在加工前对数控镗床进行常规检查		2	每处错误扣 0.5 分,扣光为止			
	能对数控镗床常见的简单故障进行排除与维修		2	每处错误扣 0.5 分,扣光为止			

续上表

职业名称	数控镗工		考核等级	中级工	
试题名称	十字联接节(一)		考核时限	360 min	
鉴定项目	考核内容	配分	评分标准	扣分说明	得分
质量、安全、工艺纪律、文明生产等综合考核项目	考核时限	不限	超时停止操作		
	工艺纪律	不限	依据企业有关工艺纪律管理规定执行,每违反一次扣10分		
	劳动保护	不限	依据企业有关劳动保护管理规定执行,每违反一次扣10分		
	文明生产	不限	依据企业有关文明生产管理规定执行,每违反一次扣10分		
	安全生产	不限	依据企业有关安全生产管理规定执行,每违反一次扣10分,有重大安全事故,取消成绩		

4. 操作者应遵守质量、安全、工艺纪律,文明生产。对于在技能操作考核过程中出现的违章作业现象,每违反一项(次)至少扣减技能考核总成绩10分,直至取消其考试资格。

职业技能鉴定技能考核制件(内容)分析

职业名称	数控镗工
考核等级	中级工
试题名称	十字联接节(一)
职业标准依据	国家职业标准

试题中鉴定项目及鉴定要素的分析与确定

分析事项 \ 鉴定项目分类	基本技能"D"	专业技能"E"	相关技能"F"	合计	数量与占比说明
鉴定项目总数	5	5	4	14	核心技能"E"满足鉴定项目占比高于2/3的要求
选取的鉴定项目数量	3	4	3	10	
选取的鉴定项目数量占比	60%	80%	75%	71%	
对应选取鉴定项目所包含的鉴定要素总数	6	9	8	23	鉴定要素数量占比大于60%
选取的鉴定要素数量	4	7	8	19	
选取的鉴定要素数量占比	67%	78%	100%	83%	

所选取鉴定项目及相应鉴定要素分解与说明

鉴定项目类别	鉴定项目名称	国家职业标准规定比重%	《框架》中鉴定要素名称	本命题中具体鉴定要素分解	配分	评分标准	考核难点说明
"D"	制定加工工艺	10	能编制中等复杂程度箱体的镗削工艺卡片主要内容有:正确选择工艺基准,决定加工顺序及工步切削参数	正确选择工艺基准	1	错误不得分	
				决定加工顺序	2	错误不得分	难点
				决定工步切削参数	2	每处错误扣0.5分,扣光为止	难点
	工件定位		能正确用回转盘、角铁、V形架等镗床通用夹具及辅具,并能正确安装工件	能正确选用镗床通用夹具及辅具	1	错误不得分	
				能正确安装工件	1	错误不得分	
	镗刀的刃磨与装夹		能根据工件材料、加工精度和生产率的要求,正确选择刀架、刀盘、夹头的结构形式、刀头的材料及几何参数	正确选择刀架、刀盘、夹头的结构形式	1	每处错误扣0.5分,扣光为止	
				正确选择刀头的材料及几何参数	1	每处错误扣0.5分,扣光为止	
			能刃磨各种镗床用刀具	能刃磨各种镗床用刀具	1	每处错误扣0.5分,扣光为止	
"E"	编制程序	70	能手工编制中等复杂程度零件的镗削加工程序	能手工编制中等复杂程度零件的镗削加工程序	5	每处错误扣0.5分,扣光为止	
	输入程序		能通过计算机、移动硬盘输入加工程序及有关参数	能通过计算机编程	5	每处错误扣0.5分,扣光为止	
				用移动硬盘输入程序	2	错误不得分	
			能正确使用操作面板上的各种功能键	能正确使用操作面板上的各种功能键	1	错误不得分	
			能进行程序的编辑和修改	能进行程序的编辑和修改	2	错误不得分	难点

续上表

鉴定项目类别	鉴定项目名称	国家职业标准规定比重%	《框架》中鉴定要素名称	本命题中具体鉴定要素分解	配分	评分标准	考核难点说明
"E"	试运行		能进行程序的单步运行、空运行	能进行程序的单步运行	1	错误不得分	
				能进行程序的空运行	2	错误不得分	
			能进行加工程序的试切削,并作出正确判断	能进行程序的试切削,并作出正确判断	2	错误不得分	
	加工零件		能在数控镗床上加工给定的零件	能在数控镗床上加工给定的零件	50	按实际加工精度得分	难点
"F"	尺寸精度检验	20	能用内径量表测量工件内孔	内径量表的安装与校对	1	错误不得分	
				用内径量表测量工件内孔	1	错误不得分	
			能用量块和百分表测量工件轴向尺寸	正确使用量块	1	错误不得分	
				用百分表测量工件轴向尺寸	1	错误不得分	难点
			能检测平行孔的中心距	能检测平行孔的中心距	1	错误不得分	
	误差分析		能分析判断影响工件尺寸精度的因素,并能提出改进措施	分析判断影响工件尺寸精度的因素	2	错误不得分	
				提出改进尺寸精度的措施	1	错误不得分	
				能进行表面粗糙度的比较检验	1	错误不得分	
				正确使用粗糙度样块	1	错误不得分	
	数控镗床的使用、维护与保养		能对数控镗床进行日常的维护与保养	对数控镗床进行日常的维护与保养	2	每处错误扣0.5分,扣光为止	
			能根据信号和屏幕上的文字显示判断设备故障	根据信号判断设备故障	2	每处错误扣0.5分,扣光为止	
				根据屏幕上的文字显示判断设备故障	2	每处错误扣0.5分,扣光为止	
			能在加工前对数控镗床进行常规检查	能在加工前对数控镗床进行常规检查	2	每处错误扣0.5分,扣光为止	
			能对数控镗床常见的简单故障进行排除与维修	能对数控镗床常见的简单故障进行排除与维修	2	每处错误扣0.5分,扣光为止	
质量、安全、工艺纪律、文明生产等综合考核项目				考核时限	不限	超时停止操作	
				工艺纪律	不限	依据企业有关工艺纪律管理规定执行,每违反一次扣10分	
				劳动保护	不限	依据企业有关劳动保护管理规定执行,每违反一次扣10分	

续上表

鉴定项目类别	鉴定项目名称	国家职业标准规定比重%	《框架》中鉴定要素名称	本命题中具体鉴定要素分解	配分	评分标准	考核难点说明
质量、安全、工艺纪律、文明生产等综合考核项目				考核时限	不限	超时停止操作	
				文明生产	不限	依据企业有关文明生产管理规定执行，每违反一次扣10分	
				安全生产	不限	依据企业有关安全生产管理规定执行，每违反一次扣10分，有重大安全事故，取消成绩	

数控镗工(高级工)技能操作考核框架

一、框架说明

1. 依据《国家职业标准》[注],以及中国北车确定的"岗位个性服从于职业共性"的原则,提出数控镗床操作工(高级工)技能操作考核框架(以下简称:技能考核框架)。

2. 本职业等级技能操作考核评分采用百分制。即:满分为 100 分,60 分为及格,低于 60 分为不及格。

3. 实施"技能考核框架"时,考核制件(活动)命题可以选用本企业的加工件(活动项目),也可以结合实际另外组织命题。

4. 实施"技能考核框架"时,考核的时间和场地条件等应依据《国家职业标准》,并结合企业实际确定。

5. 实施"技能考核框架"时,其"职业功能"的分类按以下要求确定:

(1)"工件加工"属于本职业等级技能操作的核心职业活动,其"项目代码"为"E"。

(2)"工艺准备"、"精度检验及误差分析"、"设备维护与保养"属于本职业等级技能操作的辅助性活动,其"项目代码"分别为"D"和"F"。

6. 实施"技能考核框架"时,其"鉴定项目"和"选考数量"按以下要求确定:

(1)按照《国家职业标准》有关技能操作鉴定比重的要求,本职业等级技能操作考核制件的"鉴定项目"应按"D"+"E"+"F"组合,其考核配分比例相应为:"D"占 20 分,"E"占 60 分,"F"占 20 分(其中:精度检验与分析 10 分,设备维护与保养 10 分)。

(2)依据中国北车确定的"核心职业活动选取 2/3,并向上取整"的规定,在"E"类鉴定项目——"工件加工"的全部 6 项中,至少选取 4 项。

(3)依据中国北车确定的"其余'鉴定项目'的数量可以任选"的规定,"D"和"F"类鉴定项目——"工艺准备"、"精度检验及误差分析"、"设备维护与保养"中,至少分别选取 1 项。

(4)依据中国北车确定的"确定'选考数量'时,所涉及'鉴定要素'的数量占比,应不低于对应'鉴定项目'范围内'鉴定要素'总数的 60%,并向上取整"的规定,考核制件的鉴定要素"选考数量"应按以下要求确定:

①在"D"类"鉴定项目"中,在已选定的至少 1 个鉴定项目中,至少选取已选鉴定项目所对应的全部鉴定要素的 60%项,并向上保留整数。

②在"E"类"鉴定项目"中,在已选定的至少 4 个鉴定项目所包含的全部鉴定要素中,至少选取总数的 60%项,并向上保留整数。

③在"F"类"鉴定项目"中,对应"精度检验及误差分析",在已选定的至少 1 个鉴定项目中,至少选取已选鉴定项目所对应的全部鉴定要素的 60%项,并向上保留整数;对应"设备的维护与保养"的 2 个鉴定要素,至少选取 2 项。

举例分析:

按照上述"第 6 条"要求,若命题时按最少数量选取,即:在"D"类鉴定项目中的选取了"制定加工工艺"等 1 项,在"E"类鉴定项目中选取了"编制程序"、"镗削相交和交叉孔系"、"镗削精密、复杂箱体类工件"、"镗削平面和沟槽"等 4 项,在"F"类鉴定项目中分别选取了"尺寸精度检验"和"数控镗床的使用维护与保养"等 2 项,则:

此考核制件所涉及的"鉴定项目"总数为 7 项,具体包括:"制定加工工艺","编制程序","镗削相交和交叉孔系","镗削精密,复杂箱体类工件","镗削平面和沟槽","尺寸精度检验"、"数控镗床的使用维护与保养"。

此考核制件所涉及的鉴定要素"选考数量"相应为 11 项,具体包括:"制定加工工艺"鉴定项目包含的全部 1 个鉴定要素中的 1 项,"编制程序","编制程序","镗削相交和交叉孔系","镗削精密,复杂箱体类工件","镗削平面和沟槽"等 4 个鉴定项目包括的全部 10 个鉴定要素中的 6 项,"尺寸精度检验"鉴定项目包含的全部 3 个鉴定要素中的 2 项,"数控镗床的使用维护与保养",鉴定项目包含的全部 2 个鉴定要素。

7. 本职业等级技能操作需要两人及以上共同作业的,可由鉴定组织机构根据"必要、辅助"的原则,结合实际情况确定协助人员的数量。在整个操作过程中,协助人员只能起必要、简单的辅助作用。否则,每违反一次,至少扣减应考者的技能考核总成绩 10 分,直至取消其考试资格。

8. 实施"技能考核框架"时,应同时对应考者在质量、安全、工艺纪律、文明生产等方面行为进行考核。对于在技能操作考核过程中出现的违章作业现象,每违反一项(次)至少扣减技能考核总成绩 10 分,直至取消其考试资格。

注:按照中国北车规定,各《职业技能操作考核框架》的编制依据现行的《国家职业标准》或现行的《行业职业标准》或现行的《中国北车职业标准》的顺序执行。

二、数控镗工(高级工)技能操作鉴定要素细目表

职业功能	鉴定项目				鉴定要素		
	项目代码	名称	鉴定比重(%)	选考方式	要素代码	名称	重要程度
工艺准备	D	读图与绘图	20	任选	001	能读懂复杂、畸形的零件图	X
					002	能绘制镗刀杆、涡轮减速箱体等中等复杂的零件图	X
					003	能读懂一般机械的装配图	Y
		制定加工工艺			001	能编制复杂箱体类工件的镗削工艺	X
		工件定位与夹紧			001	能确定复杂畸形精密零件的定位与夹紧方案	X
					002	能进行数控床镗夹具定位误差的分析	X
		量具的识读、使用及保养			001	能正确使用正弦规	X
					002	能正确使用中心规和半径样板	Y
					003	能正确使用高度游标卡尺	Y
		镗刀的刃磨与装夹			001	能正确选用或刃磨难加工材料的镗削刀具	X
					002	能正确选用或刃磨加工深孔、小孔的镗削刀具	X
					003	能正确选用可调镗刀	X
					004	能及时掌握当前各种先进的数控镗刀	Y

职业功能	鉴定项目		鉴定比重（%）	选考方式	鉴定要素		重要程度
	项目代码	名称			要素代码	名称	
零件加工	E	编制程序	60	至少选四项	001	能手工编制复杂零件的镗削加工程序	X
					002	能利用已有宏程序编制加工程序	X
		镗削单孔、同轴孔系及平行孔系			001	在数控镗床上镗削通孔、斜孔、薄壁孔，孔径公差等级 IT6，孔的表面粗糙度 $Ra1.6$	X
					002	在数控镗床上镗削三级台阶孔、三层孔及三个以上不同孔径的平行孔，孔径公差等级 IT6，孔的表面粗糙度 $Ra1.6$	X
		镗削相交和交叉孔系			001	在数控镗床上镗削三个或以上斜相交孔，孔径公差等级 IT6，角度公差 ±5′	Y
					002	在数控镗床上能镗削三个或以上斜交叉孔，孔径公差等级 IT6，角度公差 ±5′	X
		镗削精密复杂箱体类工件			001	在数控镗床上镗削多个垂直相交和平行孔的复杂箱体	X
					002	能进行刀具的长度补偿、偏置补偿、半径补偿	X
		特殊镗削加工			001	在数控镗床上镗削特殊材料的一般性零件	X
					002	在数控镗床上镗削不完整孔	X
		镗削平面和沟槽			001	能镗削特殊要求沟槽，尺寸公差等级 IT6	X
					002	能镗削大平面，平面度公差 IT6	X
					003	能镗削斜角，角度公差 ±5′	X
					004	能镗削止口平面，深度公差等级 IT6	Y
精度检验及误差分析	F	尺寸精度检验	10	任选	001	能对长度、直径尺寸进行精密测量	X
					002	能用正弦规检测角度	X
					003	能检验交叉孔、斜孔的中心距	X
		形位误差的检验			001	能进行斜孔轴线位置度、倾斜度的检测	Y
					002	能进行表面粗糙度的检测	X
		典型零件的综合检测			001	能进行复杂箱体的综合检测，并写出交叉报告	Y
		误差分析			001	能分析判断影响工件尺寸精度和形状、位置精度的原因，并能提出改进意见	X
设备维护与保养		数控镗床的使用维护与保养	10		001	能排除数控镗床在加工中出现的一般故障	X
					002	能解决操作中出现的与设备调整相关的技术问题	X

数控镗工(高级工)技能操作考核
样题与分析

职 业 名 称：＿＿＿＿＿＿＿＿＿＿

考 核 等 级：＿＿＿＿＿＿＿＿＿＿

存 档 编 号：＿＿＿＿＿＿＿＿＿＿

考核站名称：＿＿＿＿＿＿＿＿＿＿

鉴定责任人：＿＿＿＿＿＿＿＿＿＿

命题责任人：＿＿＿＿＿＿＿＿＿＿

主管负责人：＿＿＿＿＿＿＿＿＿＿

中国北车股份有限公司劳动工资部制

职业技能鉴定技能操作考核制件图示及内容

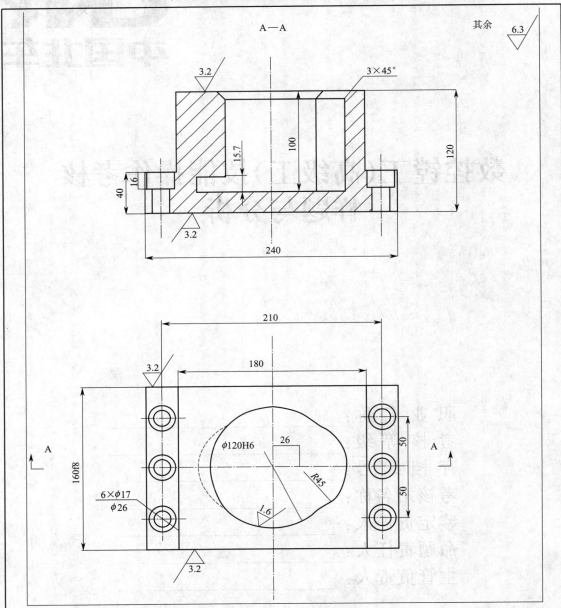

技术要求

1. 制定工艺路线。

2. 制定各工步工艺参数。

3. 制定工具清单。

4. 建立工件坐标系和坐标计算。

5. 现场脱机编程和输入。

6. 考生考试前须对设备进行润滑和调整。

7. 未注公差按 IT13。

8. 上述 1～5 项均以卡片的形式同试件一起交卷。

职业名称	数控镗工
考核等级	高级工
试题名称	座体

材质等信息：42CrMo（调质处理 HRC280～300）

职业技能鉴定技能操作考核准备单

职业名称	数控镗工
考核等级	高级工
试题名称	座体

一、材料准备

1. 材料规格:42CrMo。
2. 坯件尺寸:长×宽×高＝250 mm×170 mm×130 mm。
3. 热处理:调质处理 HRc280~300。

二、设备、工、量、卡具准备清单

序号	名称	规格	数量	备注
1	数控镗床	工作台尺寸(mm):500×500	1	四轴联动,西门子840系统,T50刀座
2	面铣刀	$\phi100$	1	
3	3面刃立铣刀	$\phi80\sim\phi100$、$\phi26$	1	
4	粗镗刀、半精镗刀、精镗刀	$\phi80$	各1	
5	45°倒角镗刀	$\phi80$	1	
6	麻花钻	$\phi50$、$\phi17$	各1	
7	游标卡尺	125、150、300	各1	
8	内径量具	$\phi120$	1套	
9	粗糙度样板		1套	
10	刀具装卸工具		1套	
11	计算、及划线工具		1套	

三、考场准备

1. 相应的公用设备、设备与器具的润滑与冷却等。
2. 相应的场地及安全防范措施。
3. 其他准备。

四、考核内容及要求

1. 考核内容(按考核制件图示及要求制作)。
2. 考核时限:360 min。
3. 考核评分(表)。

职业名称	数控镗工		考核等级	高级工	
试题名称	座体		考核时限	360 min	
鉴定项目	考核内容	配分	评分标准	扣分说明	得分
制定加工工艺	正确选择工艺基准	2	错误不得分		
	决定加工顺序	3	错误不得分		
	决定工步切削参数	8	每处错误扣 0.5 分,扣光为止		
工件定位与夹紧	能正确选用镗床通用夹具及辅具	1	错误不得分		
	能正确安装工件	2	错误不得分		
镗刀的刃磨与装夹	正确选用难加工材料的镗削刀具	1	每处错误扣 0.5 分,扣光为止		
	能刃磨难加工材料的镗削刀具	1	错误不得分		
	能正确选用加工深孔、小孔的镗削刀具	1	错误不得分		
	能正确刃磨加工深孔、小孔的镗削刀具	1	错误不得分		
编制程序	能手工编制中等复杂程度零件的镗削加工程序	3	每处错误扣 0.5 分,扣光为止		
	能通过计算机编程	2	错误不得分		
	能利用已有宏程序编制加工程序	3	每处错误扣 0.5 分,扣光为止		
	用移动硬盘输入程序	1	每处错误扣 0.5 分,扣光为止		
	能进行程序的编辑和修改	1	每处错误扣 0.5 分,扣光为止		
镗削精密复杂箱体类工件	在数控镗床上镗削多个平行孔的复杂箱体	6	每处错误扣 0.5 分,扣光为止		
	能进行刀具的长度补偿	4	错误不得分		
	能进行刀具的偏置补偿	5	错误不得分		
	能进行刀具的半径补偿	4	错误不得分		
特殊镗削加工	镗削不完整孔	4	错误不得分		
镗削平面和沟槽	能镗削特殊要求沟槽	4	错误不得分		
	沟槽尺寸公差等级 IT6	4	错误不得分		
	能镗削斜角,角度公差±5′	4	错误不得分		
	能镗削大平面	6	错误不得分		
	平面度公差 IT6	3	错误不得分		
	能镗削止口平面	3	错误不得分		
	止口平面,深度公差等级 IT6	3	错误不得分		
尺寸精度检验	能对长度尺寸进行精密测量	1	错误不得分		
	能对直径尺寸进行精密测量	1	错误不得分		
	能用正弦规检测角度	2	错误不得分		
形位误差的检验	能进行斜孔轴线位置度的检测	1	错误不得分		
	能进行斜孔轴线倾斜度的检测	1	错误不得分		
	能进行表面粗糙度的检测	1	错误不得分		

续上表

职业名称	数控镗工		考核等级	高级工	
试题名称	座体		考核时限	360 min	
鉴定项目	考核内容	配分	评分标准	扣分说明	得分
误差分析	能分析判断影响工件尺寸精度的原因并能提出改进意见	1	错误不得分		
	能分析判断影响工件形状精度的原因,并能提出改进意见	1	错误不得分		
	能分析判断影响工件位置精度的原因,并能提出改进意见	1	错误不得分		
数控镗床的使用、维护与保养	能排除数控镗床在加工中出现的一般故障	5	每处错误扣1分,扣光为止		
	能解决操作中出现的与设备调整相关的技术问题	5	每处错误扣1分,扣光为止		
质量、安全、工艺纪律、文明生产等综合考核项目	考核时限	不限	超时停止操作		
	工艺纪律	不限	依据企业有关工艺纪律管理规定执行,每违反一次扣10分		
	劳动保护	不限	依据企业有关劳动保护管理规定执行,每违反一次扣10分		
	文明生产	不限	依据企业有关文明生产管理规定执行,每违反一次扣10分		
	安全生产	不限	依据企业有关安全生产管理规定执行,每违反一次扣10分,有重大安全事故,取消成绩		

4. 操作者应遵守质量、安全、工艺纪律,文明生产。对于在技能操作考核过程中出现的违章作业现象,每违反一项(次)至少扣减技能考核总成绩10分,直至取消其考试资格。

职业技能鉴定技能考核制件(内容)分析

职业名称	数控镗工
考核等级	高级工
试题名称	座体
职业标准依据	国家职业标准

试题中鉴定项目及鉴定要素的分析与确定

鉴定项目分类 / 分析事项	基本技能"D"	专业技能"E"	相关技能"F"	合计	数量与占比说明
鉴定项目总数	5	6	5	16	核心技能"E"满足鉴定项目占比高于2/3的要求
选取的鉴定项目数量	3	4	4	11	
选取的鉴定项目数量占比	60%	67%	80%	69%	
对应选取鉴定项目所包含的鉴定要素总数	7	10	8	25	鉴定要素数量占比大于60%
选取的鉴定要素数量	5	9	7	21	
选取的鉴定要素数量占比	71%	90%	88%	84%	

所选取鉴定项目及相应鉴定要素分解与说明

鉴定项目类别	鉴定项目名称	国家职业标准规定比重(%)	《框架》中鉴定要素名称	本命题中具体鉴定要素分解	配分	评分标准	考核难点说明
"D"	制定加工工艺	20	能编制复杂箱体类工件的镗削工艺	正确选择工艺基准	2	错误不得分	
				决定加工顺序	3	错误不得分	难点
				决定工步切削参数	8	每处错误扣0.5分,扣光为止	难点
	工件定位与夹紧		能确定复杂畸形精密零件的定位与夹紧方案	能正确选用镗床通用夹具及辅具	1	错误不得分	
			能进行数控镗床夹具定位误差的分析	能正确安装工件	2	错误不得分	
	镗刀的刃磨与装夹		能正确选用或刃磨难加工材料的镗削刀具	正确选用难加工材料的镗削刀具	1	每处错误扣0.5分,扣光为止	
				能刃磨难加工材料的镗削刀具	1	错误不得分	
			能正确选用或刃磨加工深孔、小孔的镗削刀具	能正确选用加工深孔、小孔的镗削刀具	1	错误不得分	
				能正确刃磨加工深孔、小孔的镗削刀具	1	错误不得分	
"E"	编制程序	60	能手工编制复杂零件的镗削加工程序	能手工编制中等复杂程度零件的镗削加工程序	3	每处错误扣0.5分,扣光为止	
				能通过计算机编程	2	错误不得分	
			能利用已有宏程序编制加工程序	能利用已有宏程序编制加工程序	3	每处错误扣0.5分,扣光为止	难点
				用移动硬盘输入程序	1	每处错误扣0.5分,扣光为止	
				能进行程序的编辑和修改	1	每处错误扣0.5分,扣光为止	

续上表

鉴定项目类别	鉴定项目名称	国家职业标准规定比重(%)	《框架》中鉴定要素名称	本命题中具体鉴定要素分解	配分	评分标准	考核难点说明
"E"	镗削精密复杂箱体类工件	60	在数控镗床上镗削多个垂直相交和平行孔的复杂箱体	在数控镗床上镗削多个平行孔的复杂箱体	6	每处错误扣0.5分,扣光为止	难点
			能进行刀具的长度补偿、偏置补偿、半径补偿	能进行刀具的长度补偿	4	错误不得分	
				能进行刀具的偏置补偿	5	错误不得分	难点
				能进行刀具的半径补偿	4	错误不得分	
	特殊镗削加工		在数控镗床上镗削不完整孔	镗削不完整孔	4	错误不得分	
	镗削平面和沟槽		能镗削特殊要求沟槽,尺寸公差等级IT6	能镗削特殊要求沟槽	4	错误不得分	难点
				沟槽尺寸公差等级IT6	4	错误不得分	
			能镗削斜角,角度公差±5′	能镗削斜角,角度公差±5′	4	错误不得分	
			能镗削大平面,平面度公差IT6	能镗削大平面	6	错误不得分	
				平面度公差IT6	3	错误不得分	
			能镗削止口平面,深度公差等级IT6	能镗削止口平面	3	错误不得分	
				止口平面,深度公差等级IT6	3	错误不得分	
"F"	尺寸精度检验	20	能对长度、直径尺寸进行精密测量	能对长度尺寸进行精密测量	1	错误不得分	
				能对直径尺寸进行精密测量	1	错误不得分	
			能用正弦规检测角度	能用正弦规检测角度	2	错误不得分	难点
	形位误差的检验		能进行斜孔轴线位置度、倾斜度的检测	能进行斜孔轴线位置度的检测	1	错误不得分	
				能进行斜孔轴线倾斜度的检测	1	错误不得分	
			能进行表面粗糙度的检测	能进行表面粗糙度的检测	1	错误不得分	
	误差分析		能分析判断影响工件尺寸精度和形状位置精度,并能提出改进意见	能分析判断影响工件尺寸精度的原因并能提出改进意见	1	错误不得分	
				能分析判断影响工件形状精度的原因,并能提出改进意见	1	错误不得分	
				能分析判断影响工件位置精度的原因,并能提出改进意见	1	错误不得分	
	数控镗床的使用、维护与保养		能排除数控镗床在加工中出现的一般故障	能排除数控镗床在加工中出现的一般故障	5	每处错误扣1分,扣光为止	难点
			能解决操作中出现的与设备调整相关的技术问题	能解决操作中出现的与设备调整相关的技术问题	5	每处错误扣1分,扣光为止	

续上表

鉴定项目类别	鉴定项目名称	国家职业标准规定比重(%)	《框架》中鉴定要素名称	本命题中具体鉴定要素分解	配分	评分标准	考核难点说明
质量、安全、工艺纪律、文明生产等综合考核项目				考核时限	不限	超时停止操作	
				工艺纪律	不限	依据企业有关工艺纪律管理规定执行,每违反一次扣10分	
				劳动保护	不限	依据企业有关劳动保护管理规定执行,每违反一次扣10分	
				文明生产	不限	依据企业有关文明生产管理规定执行,每违反一次扣10分	
				安全生产	不限	依据企业有关安全生产管理规定执行,每违反一次扣10分,有重大安全事故,取消成绩	